普通高等教育
艺术类"十二五"规划教材

室内设计
原理与方法

+ 逯海勇 胡海燕 编著 +

INTERIOR
DESIGN

人民邮电出版社

北 京

图书在版编目（CIP）数据

室内设计：原理与方法 / 逯海勇，胡海燕 编著
. -- 北京：人民邮电出版社，2017.5
普通高等教育艺术类"十二五"规划教材
ISBN 978-7-115-43892-8

Ⅰ．①室… Ⅱ．①逯… ②胡… Ⅲ．①室内装饰设计
－高等学校－教材 Ⅳ．①TU238

中国版本图书馆CIP数据核字(2016)第256036号

内 容 提 要

本书是编著者根据多年教学和设计实践经验，在总结众多专业图书的基础上，针对当前和未来室内设计行业的发展趋势以及从业人员的需求而撰写的专业理论教材。本书详细介绍了室内设计原理及空间、美学、设计等问题，包括室内设计的概念与任务、室内设计的内容与程序步骤、室内设计与相关学科、室内空间设计、室内装饰材料与色彩设计、室内设计的技术问题、室内软装设计等内容。本书力求概念清晰、内容翔实、切实有效，对提高设计人员理论水平和设计能力具有一定的实用价值。

本书除作为高等院校环境设计、室内设计、建筑装饰等专业的教学用书外，还可作为广大建筑室内设计公司、装饰公司等设计人员的参考用书。

◆ 编　　著　逯海勇　胡海燕
　　责任编辑　刘　博
　　责任印制　杨林杰

◆ 人民邮电出版社出版发行　　北京市丰台区成寿寺路 11 号
　　邮编　100164　　电子邮件　315@ptpress.com.cn
　　网址　http://www.ptpress.com.cn
　　北京捷迅佳彩印刷有限公司印刷

◆ 开本：787×1092　1/16
　　印张：13　　　　　　　　　　2017 年 5 月第 1 版
　　字数：317 千字　　　　　　　2024 年 7 月北京第 14 次印刷

定价：65.00 元

读者服务热线：(010)81055256　　印装质量热线：(010)81055316
反盗版热线：(010)81055315
广告经营许可证：京东市监广登字 20170147 号

前　言

　　当前室内设计行业存在许多认识上的问题及误区，这首先反映出理论研究在室内设计界的极度匮乏，尤其是受当下商业化浪潮的侵袭，使得与设计关联的各种问题的隐性矛盾凸显出来。表现在：对于室内设计的概念和意义理解不清；盲目追求新奇特，对于使用者的个性需求不够重视；一味追求商业利益以体现自身价值；盲目追求设计的"高大上"，以取悦客户的眼球；"装修"代替"设计"的状况仍然持续，同时室内设计还将面对来自使用者的多样化需求，使得室内设计工作呈现细致而复杂的状态。这些问题缘于设计师对室内设计行业认识不足，设计师个体意识与消费者之间的矛盾越来越大。如此以来，室内设计水平逐渐降低，成为抑制设计进步的绊脚石。如何消除设计界普遍存在的问题，如何在现有的条件下使设计水平得到质的提升和突破，从更深层面探讨设计理论与方法就显得尤为重要。本书是编著者根据多年来在教学经验与大量实践的基础上做出的专业思考与独白，并以理性思维的方式来进一步梳理室内设计的规律，旨在用一种学术的研究态度与方式取代个人意识与盲目追求的从业态度，使室内设计真正迈入方法论的学术轨道而不断推进。

　　本书的特点主要体现在以下 4 个方面。

　　第一，在室内设计理论研究方面，结合室内设计学科的最新发展动向，系统地从室内设计的认识和要义、历史演变、流派与风格、室内设计的发展趋势以及如何开展学习等基本理论进行梳理和归纳，并着重将国外室内设计研究取得的相关成果引入书中，使教材的编写在理论研究方面更为完善并有更大的突破。

　　第二，在室内设计的内容方面，着重对室内设计的核心——空间设计做重点介绍，使学习者在阅读时能够真正把握设计的本质、意义和设计方法；在室内设计的技术方面，除了需要掌握最基本的照明设计以外，还需要将与室内设计相关的水、电和 HVAC 系统纳入其中，因为这些内容都需要室内设计师统筹掌握。

第三，随着室内设计行业的发展，软装设计已成为近年装饰行业较流行的新领域。本书在结构安排上将软装设计作为独立的一章进行编写，以体现室内设计的最新动向，同时将同类书籍中常见的家具、绿化、陈设等内容融入该章，做到隐含而不遗漏。

第四，本书的编写采用由浅入深、循序渐进的原则，不仅做到叙述的系统性与完整性，还将设计理论与实践有机结合，使本书具有可操作性。书中配有大量插图，力求图文并茂，选图新颖，其中许多图片是作者多年来在教学实践中亲自搜集的，以供读者在设计与研究中借鉴和参考。

本书的内容涉及大量翔实的资料，在编写过程中得到了行业内一些朋友的支持和帮助，在此深表谢意。书中引用的插图多是近年收集的教学图片，部分图片来源于网络，由于时间已久，难以标明其来源，在此也予以说明并向原作者表示诚挚的谢意。

由于编写时间紧迫，加之笔者学识水平有限，书中不足之处在所难免，希望广大读者给予批评指正。

编著者

2017 年 3 月

目　录

第 1 章

关于室内设计

1.1 室内设计的概念与任务

1.1.1 概念界定

1.1.1.1 设计

"设计（Design）"有多种解释。据《辞海》解释，设计是指根据一定的目的要求，预先设定的草图、方案、计划等。事实上，设计是人为的思考过程，是以满足人的需求为最终目标，是在有明确目的引导下有意识的创造行为，是对人与人、人与物、物与物之间关系问题的求解，是生活方式的体现，是知识价值的体现。

1.1.1.2 环境设计

环境设计（Environmental Design）又称"环境艺术设计"，是一门关乎人类行为心理和环境互动的新学科，突破了传统意义上的室内设计、建筑设计、园林设计和城市规划设计等之间的藩篱，从整体上更关注环境的可持续发展。与建筑设计相比，环境设计更注重建筑的室内外环境艺术气氛的营造；与城市规划设计相比，环境设计更注重规划细节的落实与完善；与园林设计相比，环境设计更注重局部与整体的关系。环境艺术设计是"艺术"与"技术"的有机结合体。

1.1.1.3 建筑设计

建筑设计（Architectural Design）是指对建筑物的结构、空间及造型、功能等方面进行的设计，包括建筑工程设计和建筑艺术设计。它是按照建设任务，将施工过程和使用过程中所存在的或可能发生的问题，事先做好整体设想，拟定好解决这些问题的办法和方案，以图纸和文件的形式表达出来，作为备料、施工组织工作和各工种在制作、建造工作中互相配合协作的共同依据，并使建成的建筑物充分满足使用者和社会所期望的各种要求。

1.1.1.4 室内设计

室内设计（Interior Design）自身发展的历史并不太长，对其概念也有种种不同的解释。

1972年美国出版的《世界百科全书》对室内装饰的解释是："一种使房间生动和舒适的艺术……当选择和安排妥善的时候，可以产生美观、实用和个别性的效果。"

1975年美国出版的《美国百科全书》中的解释是："室内装饰是实现在直接环境中创造美观、舒适和实用等基本需要的创造性艺术"。

1988年出版的《中国大百科全书——建筑·园林·城市规划卷》中，将"室内设计"解释为："建筑设计的组成部分，旨在创造合理、舒适、优美的室内环境，以满足使用和审美的要求。室内设计的主要内容包括：建筑平面设计和空间组织、围护结构内表面（墙面、地面、顶棚、门和窗等）的处理，自然光和照明的运用以及室内家具、灯具、陈设的选型和布置。此外，还有植物、摆设和用具等的配置。"

我国的《辞海》把室内设计定义为："对建筑内部空间进行功能、技术、艺术的综合设计。根据建筑物的使用性质（生产或生活）、所处环境和相应标准，运用技术手段和造型艺术、人体工程学等知识，创造舒适、优美的室内环境，以满足使用和审美要求。"

当代学者认为："室内设计是建筑设计的继续、深化和发展。室内设计所包含的主要内容有室内空间设计、室内建筑构件的装修设计、室内陈设品设计、室内照明和室内绿化这五大部分。"

还有学者认为："室内设计是对建筑空间的二次设计，它还是建筑设计在微观层次的深化与延伸，是对建筑内部围合的空间的重构与再建，使之能适应特定功能的需要，符合使用者的目标要求，是对工程技术、工艺、建筑本质、生活方式、视觉艺术等方面进行整合的工程设计。"

归纳国内外各家论述和对室内设计的解释，可以把室内设计简要地理解为是对建筑内部空间进行的设计，是为了满足人类生活、工作的物质要求和精神要求，根据建筑物的使用性质、所处环境和相应标准，运用物质技术手段和美学原理，为提高生活质量而进行的有意识的营造理想化、舒适化的内部空间的设计活动。这样的内部空间环境，既具有使用价值，能够满足相应的功能要求，同时还能延续建筑的文脉和风格，满足环境气氛等精神方面的多种需要。

"室内设计"与大众认可的"室内装饰""室内装修"等概念有所区别。相对于"室内设计"而言，后两者均较为狭隘和片面，不能涵盖"室内设计"的总体概念。"室内装饰"是为了满足视觉艺术要求而对空间内部及围护体表面进行的一种附加的装点和修饰，以及对家具、灯具、陈设的选用配置等；"室内装修"则偏重于材料技术、构造做法、施工工艺以及照明、通风设备等方面的处理。而室内设计则是以人在室内的生理、行为和心理特点为前提，综合考虑室内环境的各种因素来组织空间，包括空间环境质量、空间艺术效果、材料结构和施工工艺等，并运用各种技术手段，结合人体工程学、行为科学、视觉艺术心理，从生态学角度对室内空间做综合性的功能布置及艺术处理。

目前，室内设计已逐渐成为完善整体建筑环境的一个重要组成部分，是建筑设计不可分割的重要内容。由于受建筑空间的制约，室内设计应综合考虑功能、形式、材料、设备、技术、造价等多种因素，既包括视觉环境，也包括心理环境、物理环境、技术构造和文化内涵的营造。室内设计是物质与精神、科学与艺术、理性与感性并重的一门学科。

1.1.2 室内设计师

了解了室内设计的概念，下面我们再来了解什么是室内设计师、作为室内设计师应具备怎样的能力。担任过美国室内设计师协会主席的亚当（G. Adam）认为："室内设计师所涉及的工作要比单纯的装饰广泛得多，他们关心的范围已扩展到生活的每一方面，例如住宅、办公室、旅馆、餐厅的设计，提高劳动生产率，无障碍设计，编制防火规范和节能指标，提高医院、图书馆、学校和其他公共设施的使用效率。"

目前，北美的室内设计师已经与建筑师、工程师、医生、律师一样成为一种发展得相对成熟的职业。美国室内设计资格国家委员会（National Council for Interior Design Qualification，NCIDQ）对室内设计师的定义为：职业室内设计师应该受过良好的专业教育，具有相应的工作经历和经验并且通过相应的资格考试，具备完善内部空间的功能和质量的能力。该委员会还认为，为了达到改善人们生活质量，提高工作效率，保障公众的健康、安全与福利的目标，一名合格的室内设计师应具有以下 8 个方面的能力。

（1）分析业主的需要、目标和有关生活安全的各项要求；

（2）运用室内设计的知识综合解决各相关问题；

（3）根据有关规范和标准的要求，从美学、舒适、功能等方面系统地提出初步概念设计；

（4）通过适当的表达手段，发展和展现最终的设计建议；

（5）按照通用的无障碍设计原则和所有的相关规范，提供有关非承重内部结构、顶面、照明、室内细部、材料、装饰面层、家具、陈设和设备的施工图以及相关专业服务；

（6）在设备、电气和承重结构设计方面，应与其他有资质的专业人员进行合作；

（7）可以作为业主的代理人，准备和管理投标文件与合同文件；

（8）在设计文件的执行过程中和执行完成时，应该承担监督和评估的责任。

NCIDQ对室内设计师的定义被普遍认为是一种较为全面的解释，已在北美地区得到广泛认同，并被政府有关部门所接受。这一概念对我国的室内设计行业也具有很好的参考价值。

目前国内的室内设计师水平参差不齐，其中不少人缺乏对室内设计的完整理解，热衷于片面追求华丽的外表，无法保障广大业主和公众的根本利益。因此，需要借鉴国外有关部门的经验和做法，整体提升设计人员的基本素质，以保障业主和公众的利益，为大众创造安全、健康、生态的内部环境。

作为专业设计人员，室内设计师应有自己的相关组织，并依托这些组织开展相关的业务活动和学术交流。中国建筑学会室内设计分会（CIID）成立于1989年，是获得国际室内设计组织认可的中国室内设计师的学术团体，是中国室内设计最具权威的学术组织。学会的宗旨是团结全国的室内设计师，提高中国室内设计的理论与实践水平，探索具有中国特色的室内设计道路，发挥室内设计师的社会作用，维护室内设计师的权益，发展与世界各国同行间的合作，为我国的建设事业服务。

CIID成立20多年来，每年都举办丰富多彩的学术交流活动，为室内设计师提供学习和交流的机会，同时也为室内设计师提供丰富的设计信息及各类大型赛事信息，使中国的室内设计行业能更好更快地发展。

1.1.3 室内设计的目的与任务

1.1.3.1 室内设计的目的

室内设计的主要目的是把建筑及其相关室内空间的功能美和艺术美结合起来，在构成各种使用空间的同时提高建筑及其相关室内空间的环境质量，使其更加适应人们在各个方面的需求。这个目标的实现需要两个方面，即物质功能和精神功能。一方面要合理提高建筑及其相关室内空间环境的物质水准，以满足使用功能，另一方面要提高建筑及其相关室内空间的生理和心理环境质量，使人从精神上得到满足，以有限的物质条件创造尽可能多的精神价值。

实现物质功能的目标，包含室内设计在实用性与经济性两个方面的内容。其中实用性就是要解决室内设计在物质条件方面的科学应用，诸如建筑及其相关室内环境的空间计划、家具陈设以及采光、通风、管道等设备，必须合乎科学、合理的法则，以提供完善的生活效用，满足人们的多种生活需求；经济性则是要提高室内设计的效率，具体体现在对室内设计的人力、财力、物质设备等方面的投入，必须经过严格预算，确保财力资源发挥最大的效益。

实现精神功能的目标，包含室内设计在艺术性和特色性两个方面的内容。其中艺术性是指室内设计的形式原理、形式要素，即造型、色彩、光线、材质等。室内设计要达到具有愉悦感、鼓舞精神的作用（图1-1）。特色性是指室内设计在空间的形态、性格塑造中能够反映出不同空间的个性与特色，使室内设计能够满足和表现其独特的空间环境内涵，以使人们在有限的空间里获得无限的精神感受（图1-2）。

图 1-1　室内设计使空间具有愉悦感和体验感

图 1-2　独特的造型使人们获得无限的精神感受

1.1.3.2　室内设计的任务

任何设计都不应该是简单的、重复的图形制作活动，它必须建立在创新设计的基础之上，其最大目标在于改善人类的生活。室内设计也不例外，在室内设计中，考虑问题的出发点和最终目的都是为人服务，满足人们生活、生产活动的需要，为人们创造理想的室内空间环境，使人们感到生活在其中受到关怀和尊重。

室内设计的任务就是运用建筑及其相关室内空间技术与艺术的规律、构图法则等美学原理，寻求具体空间的内在美规律，创造人为的优质环境，改善人们的生活、工作、学习、休息等功能条件（图 1-3）。室内设计是有目标地将人与物、物与物、人与人之间的关系重新统筹定位，在常规生活模式中寻找扩展新空间形式的可能性。

图 1-3　室内设计创造人为的优质环境，满足人们的功能需要

另外，室内设计的任务还与人的行为相互制约，符合对应的情感需求。它不在于有多么奢华或多么简洁，也不在于通过什么方式来实现，设计的空间只要能使人有一种依赖、有一种寄托，为人创建的生活环境就有了新的存在层面和内涵。室内设计的任务中，"人"是室内设计的主角，一切物化形式都是人的陪衬与依托。那些仅仅将室内设计的任务理解为美化或装饰、局限于满足视觉要求的看法是十分片面的。

1.1.4　室内设计的原则

室内设计要以人为核心，在尊重人的基础上，体现对人的关怀，如空间的舒适性、安全性、人情味，对老人、儿童和残疾人的关注等，这些不仅包括以人为本的功能使用要求、精神审美要求，而且还包括经济、安全和方便的要求，各要素间处于一种辩证而统一的关系。

1. 功能性原则

在考虑功能性原则时，首先要明确建筑的性质、使用对象和空间的特定用途，是对外还是对内，是属于公共空间还是私密空间，是需要热闹的气氛还是宁静的环境等。由于功能性的不同，设计的做法也不相同，表现的方式更是不同。室内设计涉及的功能构想有基本功能与平面布局两方面的内容：基本功能包括休息、睡眠、饮食、会客、娱乐以及学习等，这些功能因素又形成环境的静、闹、群体、私密、外向、内敛等不同特点的分区；平面布局包括各功能区域之间的关系，各房室之间的组合关系，各平面功能所需家具及设施、交通流线、面积分配、风格与造型特征的定位、色彩与照明的运用等。

2. 精神性原则

人们总是期望能够按照美的规律来进行空间环境的塑造，这就需要设计师在满足使用者的精神要求方面下功夫，使其能为人们提供一个良好的视觉环境。如果室内空间不符合视觉艺术的基本要求，根本就谈不上美，也就无法成为一个优秀的设计作品。在设计时既不能因强调设计在文化和社会方面的使命及责任而不顾使用者的需求特点，同时也不能把美庸俗化，这需要有一个适当的平衡。另外，在美的基础上，还应该强调设计在创意上的要求，必须具有新颖的立意、独特的构思，具有个性和独创性（图 1-4）。只有这样的作品，才能真正称得上是优秀的设计作品。

图 1-4 立意新颖、富有创意的室内设计

3. 经济性原则

经济性原则就是在设计和工程造价方面把握一个总控，应根据建筑空间性质的不同以及用途确定设计标准，不要盲目提高标准，单纯追求艺术效果，造成资金浪费，也不要片面降低标准而影响效果。重要的是在同样的造价下，通过巧妙的构造设计达到良好的实用与艺术效果。这就要求以最小的消耗达到所需的目的。设计要为大多数消费者所接受，必须在"代价"和"效用"之间谋求一个均衡点。但无论如何，降低成本不能以损害施工效果为代价，否则，室内设计最后的空间效果将不能真正地体现人性化的要求。

4. 安全性原则

人的安全需求可以说是仅次于吃饭、睡觉等，位于第二的基本需求，它包括个人私生活不受侵犯，个人财产和人身安全不被侵害等。室内空间环境的安全性不仅在于墙面、地面或顶棚等构造都要具有一定强度和刚度，符合设计要求，特别是各部分之间的连接的节点，更要安全可靠，还在于室内环境质量和舒适度能否满足精神功能的需要，如空调设备技术的运用，现代消防器材、自动喷淋、烟感报警等安全装置技术的运用，家用电器以及电信设施在室内环境中的运用。如何最大限度地利用现代科学技术的最新成果，满足人的安全性方面的要求，是当代室内设计师理应考虑的问题。

5. 方便性原则

方便性原则主要体现在对交通流线组织、公共服务设施的配套服务和服务方式的方便程度方面。在室内设计中，交通流线组织不仅要满足使用者的出行需要，也要为必须进入的交通提供方便。同时，在室内功能空间、交通空间、休息空间、绿化空间最大限度地满足功能所需的基础上，还要考虑公共服务设施为使用者的生活所提供的方便程度。

1.2　室内设计的历史与发展

1.2.1　历史回顾

1.2.1.1　中国传统建筑室内设计的演变

中国是历史悠久的文明古国，其传统建筑室内设计的历史源远流长。早在几百万年前，人类为了生存就开始营造自己的居室。"上古皆穴居，有圣人教之巢居，号大巢氏，今南方人巢居，北方人穴处，古之遗俗也。"其所指南方人巢居、北方人穴处，就是对早期人类居住方式的描述。

从考古资料中发现，原始社会时期的陕西西安半坡村的方形与圆形住房内，已经开始考虑按使用需要进行空间分隔，合理布置房屋入口与火塘的位置。方形住房内的火塘位置接近门口，并安排有进风的浅槽，以使门口进来的冷空气得到加热；圆形住房内的火塘则位于居室的中央，门内两侧设短墙，起到引导并限制气流，保证内部温暖的作用（图 1-5）。此外，在一些遗迹内还发现室内在草泥土上用石灰制作的坚硬光滑的白灰面层，它比简单的草泥土地面更为实用、清洁、美观；在穴居洞窟壁面上也发现绘有兽形和狩猎的图案。这说明人类在建筑活动的初始阶段，就已经开始注意对室内环境的使用和氛围进行改善了。

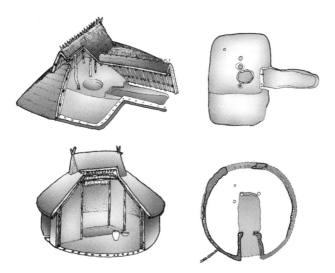

图 1-5　原始社会半坡人居住的房屋

进入奴隶社会，室内装饰有了进一步提高。从出土遗址看，夏、商、周的宫室内部已开始讲究建筑空间的秩序感，宫室内部已开始使用经过美化加工的木料、石料进行装饰。夏桀所建"琼宫"、商纣所筑"璇室"等，均说明当时的建筑及室内装饰已具有相当的基础。在河南偃师二里头发现的商初成汤都城宫殿遗址显示，当时的木构架技术已有很大的提高。这是一座残高约80cm的夯土台，东西约108m，南北约100m，夯土台上有八开间殿堂，面积约350m²，柱径达40cm，周围有回廊环绕，南面有门的遗址。殿堂和庭院相互渗透，充分反映了中国古代单体建筑空间与庭院空间的密切联系（图1-6）。

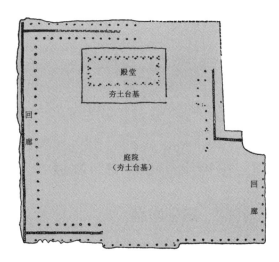

图1-6　河南偃师二里头商初成汤都城宫殿遗址

进入封建社会后，秦始皇在咸阳所建的阿房宫，成为中国古代建筑与室内装饰的巅峰之作。近年在咸阳东郊发掘的一座高台建筑遗址，是战国秦咸阳宫殿之一，这座60m×45m的长方形夯土台高6m，台上的建筑物由殿堂、过厅、居室、浴室、回廊、仓库和地窖等组成，高低错落，主次分明，形成了一组复杂壮观的建筑群（图1-7）。西安的汉长安城南郊有11个规模巨大的礼制建筑遗址。每个遗址的平面沿着纵横二条轴线采用完全对称的布局方法，外面是方形围墙，每面辟门。围墙以内的庭院中央都有高筑的方形夯土台，个别台上还留下若干柱础。由此可推断原来台上建有形制严整、体形雄伟的木构架建筑群。西汉萧何所建的未央宫，宏大壮丽、严谨规整，其殿台基础是用龙首山的土制成，殿基甚至高于长安城。未央宫总面积约5km²，相当于7个故宫大小。汉时还出现了楔形和有榫的砖。从汉遗留下来的墓室看，有些墓室在结构上虽属梁柱系统，但室内空间非常复杂，如建于东汉的山东沂南画像石墓，具前室、中室、后室，左右又各有侧室二三间，可能反映了当时住宅的一些情况。从文献记载和出土的瓦当以及墓室中石刻的天花、窗棂、栏杆等的装饰纹样来看，当时的室内装饰已达到了相当高的水平。不过这种装饰还主要依附于建筑物，是对建筑构件、室内界面的修饰美化（图1-8）。秦汉以后经三国、两晋及南北朝的战乱，出现了以帝王至百姓皆崇信佛教以求解脱的状况。此时寺塔建筑盛行，其精美程度远胜于宫殿的装饰，例如北魏时期的伽蓝建筑，其规模宏大，做工奇巧，内部装饰更是"雕梁粉壁""青缣绮疏""华美极致"。

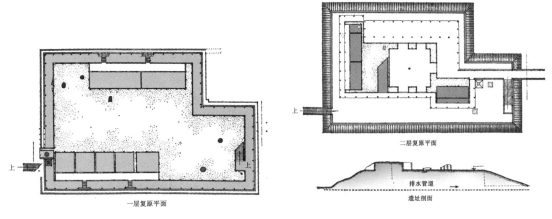

一层复原平面

二层复原平面

遗址剖面

图1-7　战国秦咸阳宫殿遗址

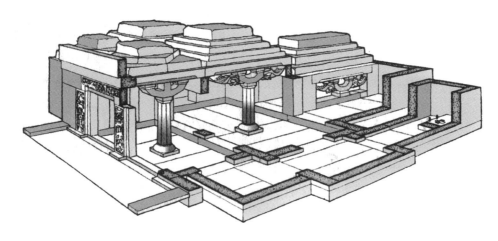

图 1-8 东汉山东沂南画像石墓

隋唐两朝，中国传统建筑的室内设计的发展更是进入鼎盛阶段，其中最著名的作品有隋代项升设计的"迷楼"，具体表现出当时建筑结构的成熟形态。唐代于 634 年建大明宫，其规模宏大，气势雄伟。其中含元殿是宫的正殿。而位于大明宫西北角的麟德殿是唐期皇帝宴饮群臣、观看杂技舞乐和做佛事的地点，由前、中、后三座殿组成，殿的东西两侧又有亭台楼阁衬托。其整体造型高低错落，极富变化。总的来看，这时期的内部空间设计仍然是与建筑设计紧密地结合在一起的，保存至今的山西五台山佛光寺大殿就是一个很好的例子（图 1-9）。

图 1-9 山西五台山佛光寺大殿

两宋时期，建筑室内设计多显简练生动，以形传神，风格严谨、秀丽且和谐统一，给人以洗练、温和的感受。这时期出现了宫廷与民间装饰两大艺术派系，代表性的作品有北宋兴建的"琼林苑"及"寿山艮岳"等，其盛况可以从李格非的《洛阳名园记》中窥知梗概。城市中一些邸店、酒楼和娱乐性建筑也大量沿街兴建起来，城市中的大寺观还附有园林、集市，成为当时市民赏园、游乐的主要活动场所之一。

元代统治者为少数民族，其建筑的室内装饰风格在保持了中华民族特色的基础上，也吸收了多方面的营养。例如现存的建于元代的永乐宫，建筑就显得气势宏伟、蔚为壮观，室内装饰风格则比宋代显得更加结实、厚重而表现自由。

明清两代是中国古代建筑室内设计发展的巅峰时期。从总体上说，明代风格较为简洁稳重，表现出比较浓厚的古典意味；在室内设计和装饰方面，其造型显得洗练，色彩则比较浓重。明代家具体现出这个时期的时代特征，成为室内装饰中最具中国特色的陈设物件（图 1-10）。而清代是中国封建制度濒于崩溃的时代，也是资本主义开始对中国进行渗透的时期，其建筑与室内设计风格给人的印象是繁琐奢侈，流露出相当明显的浪漫色彩。如重建于 1697 年（清康熙三十六年）的北京故宫太和殿，是我国现存的传统木结构建筑中规格最高的建筑，室内装饰十分豪华（图 1-11、图 1-12）。清代美学家李渔对我国传统建筑的室内设计和构思立意有着独特的见解，他在其专著《一家言居室器玩部》中论述："盖居室之制，贵精不贵丽，贵新奇大雅，不贵纤巧烂漫""窗棂以明透为先，栏杆以玲珑为主，然此皆属第二义，其首重者，止在一字之坚，坚而后论工拙。"除了皇家宫殿，明、清两代的民居建筑也极具特色，如北京民居、徽州民居、山西民居、福建民居等，在体现地域文化的建筑形态和室内空间布局上以及室内装饰设计等方面，都有着极为宝贵的可供我们借鉴的成果。

1.2.1.2 西方传统室内设计的演变

与我国传统建筑室内设计的发展情况一样，西方建筑在室内外空间处理上里外贯通，很长一段历史时期内没有明确的分工。从古希腊与古罗马的神庙、中世纪的教堂，到文艺复兴时期的建筑，设计师们把功能、结构、材料、工艺等因素完美结合，使建筑的内外空间表现出一种浑然一体的感觉。

古埃及是世界上最早创建太阳历的国家。古埃及人建造了举世闻名的金字塔、法老宫殿及神灵庙宇等建筑物，这些艺术精品虽经自然侵蚀和岁月埋没，但仍然可以通过存世的文字资料和出土的遗迹依稀辨认出当时的规模和室内装饰概况。如卡纳克阿蒙神庙内，密集排列着数根巨大的石柱，柱子表面刻有象形文字、彩色浮雕和带状图案。柱子用鼓形石砌成，柱头为绽放的花形或纸草花蕾。柱顶上面架设大石横梁。这种陈列密集的柱厅内，粗大的柱身与柱间净空的狭窄造成视线上的遮挡，使人觉得空间无穷无尽、变幻莫测，与后面光明宽敞的大殿形成强烈的反差。这种收放、张弛、过

图 1-10　明代家具

图 1-11　北京故宫太和殿

图 1-12　太和殿的室内装饰

渡与转换视觉手法的运用,证明了古埃及建筑师对宗教的理解和对心理学的巧妙应用能力(图 1-13)。

图 1-13　卡纳克阿蒙神庙

　　源于地中海沿岸的古希腊、古罗马石构造建筑体系则代表了西方典型的传统样式。其中希腊石造大型庙宇的围廊式形制,决定了柱子、额枋、檐部的空间艺术地位。这些构件的形式、比例与组合关系除影响到建筑的发展之外,也影响到其内部的空间设计。著名的帕提农神庙(Parthenon)是雅典卫城的主体建筑。它的外观形体刚毅,饱满挺拔,各部分比例匀称,雕刻精致。内部空间也处理得十分精彩。整个神殿长 29.8m,宽 19.2m;正殿的西端耸立着著名的雅典娜雕像,连基座高约 12.8m。正殿内有双层叠柱式的三面回廊,强化了神像空间的中央轴线感,加强了神圣庄严的气氛(图 1-14)。古罗马发展起来的拱券技术和天然混凝土的使用,使石构造建筑的空间跨度有了巨大的变化,从而创造出许多宏大壮丽、尺度比例优美的内部空间。古罗马万神庙(Pantheon)的圆厅就是一个杰出的例子。其内部圆厅直径与高度均为 43.43m,顶部穹隆正中有一个直径为 8.23m 的大圆洞,阳光从上倾泻而下,既解决了采光问题,又使人产生了圣洁庄严和宏伟壮观的印象。穹顶的内面划分为一个个凹进的方形藻井,自下而上共有 5 层,越高藻井越小。

图 1-14　帕提农神庙

圆厅四周有 7 个深深凹进墙面的大壁龛，每个龛前是两根用整块大理石雕成的柱子，柱子上方是一个大发券。这些壁龛、柱子和发券增加了内部空间的多样性，使单一的圆厅空间显得丰富多彩，达到了多样统一的效果（图 1-15）。

进入中世纪，首先出现了拜占庭室内装饰风格，其特点是建筑为方基圆顶结构，上面装饰几何形碎锦砖；家具形式基本上继承了希腊后期风格，即旋腿家具，且编织品在室内环境中得到广泛运用。其后为仿罗马风格，它以罗马传统形式为主，并融合了拜占庭风格，初期多采用平顶和科林斯式柱头，后期则流行十字交叉式拱顶，四角用圆柱或方柱支撑，并以半圆拱作为两柱间的连接。再后来的哥特式风格，其建筑以尖肋拱顶、飞扶壁和修长的束柱为特色，尖拱中采用碎锦玻璃窗格花饰，从而表现出神秘的宗教气氛。

15 世纪初，以意大利为中心，出现了文艺复兴风格。这种风格以古希腊、古罗马风格为基础，融合了东方与哥特式装饰形式，通过对山墙、檐板、柱廊等建筑细部的重新组织，不仅表现出稳健的气势，还显示出华丽的装饰效果（图 1-16）。16 世纪中叶，意大利又出现了巴洛克风格，其建筑室内的墙面多用大理石、石膏灰泥、雕刻墙板、华丽织物、壁毯、大型壁画来装饰室内环境，以使其显得富丽堂皇，主要用于宫廷室内的装饰。到 18 世纪 30 年代，在法国的巴洛克风格演变成洛可可风格。这种设计以其不均衡的轻快，纤细的曲线而呈现出灵巧亲切的效果，造型装饰多运用贝壳的曲线、皱褶和弧线构图，而室内装饰与家具常以对称的优美曲线作为形体结构，雕刻精细，装饰豪华，色调淡雅而柔和，并采用黑色与金色来增加对比的装饰效果。其后，巴洛克与洛可可风格脱离了室内装饰结构性的正确规范，直至陷入怪诞荒谬的虚设绝境，从而促使新古典

图 1-15　古罗马万神庙

图 1-16　文艺复兴风格的室内华丽装饰

风格崛起。进入 19 世纪，新古典风格虽成为室内设计的主流，但与此同时还出现了所谓的法国"路易·菲力浦"风格、德国的"新洛可可"和"拜德米亚"风格、英国的"维多利亚"风格，以及 19 世纪后期出现的"新文艺复兴"等风格，它们皆为模仿前期风格所形成的，故毫无创意与特点。

　　1919 年在德国创建的包豪斯（Bauhaus）学派，摒弃因循守旧，倡导重视功能，推进现代工艺技术和新型材料的运用，在建筑和室内设计方面提出了与工业社会相适应的新观念。包豪斯学派的创始人格罗皮乌斯（Walter Gropius）当时曾提出："我们正处在一个生活大变动的时期。旧社会在机器的冲击之下破碎了，新社会正在形成之中。在我们的设计工作里，重要的是不断地发展，随着生活的变化而改变表现方式……"20 世纪 20 年代格罗皮乌斯设计的包豪斯校舍和密斯·凡·德·罗（Mies Van Der Rohe）设计的巴塞罗那世博会德国馆都是上述新观念的典型实例（图 1-17、图 1-18）。

图 1-17　包豪斯校舍

图 1-18　巴塞罗那世博会德国馆

1.2.1.3　东西方两种设计思想的差异

在漫长的历史发展进程中，东西方的传统室内设计在室内空间、界面处理、装饰陈设等方面都有着深厚的文化内涵，都与本民族传统的独特的建筑构造体系相适应，创造了不同的室内环境及装饰设计风格。由于东西方两种设计观念的不同，在设计风格上走上了两种不同的发展道路。这两种传统各自特征的建立以及它们之间鲜明差异的形成，在很大程度上是由于对待室内设计的观念所致。

1. 地形地势认识上的不同

中国传统建筑历来重视与环境的关系，善于利用基地的现有条件处理建筑与环境的关系，如"因地制宜、依山就势""背山面水"等，注重把握人与自然的相生互补的关系，讲究传统建筑与自然环境的有机结合，讲究自然美和人文美的和谐统一，讲究人的心理和环境的实用功效；而西方传统的建筑模式则更强调人对环境的改造，更多的表现出将人为的秩序施加到环境中，地形的整体也就具有了更加明显的抽象性效果和几何结构关系，体现了人工秩序对环境的绝对控制力。

2. 室内设计要素认识上的不同

中国传统建筑重视建筑物之外的部分，重视室内设计中各组成要素的平衡与协调关系，而不是单独地强调建筑物。在室内设计中建筑物多以分散式布局为主，讲究的是建筑群体与外部环境中雕塑、水体、树木、小品之间的整体协调。在西方的传统建筑中，相对于外部环境中的其他要素，建筑物受到了更多的重视。在整个环境中，建筑物采取集中的独立式布置方式，其形态往往成为环境、广场的中心；它与其他构成要素之间的关系也常常是直接而肯定的，建筑物多为环境的中心，而其他构成要素处于被支配的地位。

1.2.2 设计流派与风格

在室内设计的发展历程中，国内外形成了诸多设计流派与风格。室内设计的风格和流派，属于室内环境中的艺术造型和精神功能的范畴。这里需要指出的是，一种风格或流派的形成，通常是与当地的人文因素和自然条件密切相关的，是特定历史时期文明诸要素共同作用的结果，其表现形式及其渊源、相互影响，具有深刻的艺术与文化内涵。从这一深层含义来说，风格和流派不仅局限于作为一种形式表现和视觉上的感受，它还能积极或消极地转而影响文化、艺术以及诸多的社会因素。

1.2.2.1 后现代主义

后现代主义（Postmodernism）设计发源于 20 世纪 60 年代的美国，是对现代主义、国际主义设计的一种装饰性的发展，主张以装饰手法来达到视觉上的丰富；提倡满足心理要求，而不仅仅是单调地以功能主义为中心。设计中大量采用历史上的装饰来加以折中处理，打破了国际主义的垄断，开创了装饰主义的新阶段。

美国建筑评论家查尔斯·詹克斯（Charles Jencks）在 1977 年出版的《后现代主义建筑语言》中总结了后现代主义的六种特征：历史主义与新折中主义；复古式变形装饰；新乡土主义；个性化＋都市化＝文脉主义；隐喻与玄学；复杂与含混的空间。

后现代主义风格强调设计的矛盾性和复杂性，反对简化、模式化，讲求文脉，追求人情味，崇尚隐喻象征的手法，大胆运用装饰和色彩，提倡多样化、多元化（图 1-19）。用不熟悉的手法来组合熟悉的东西，用各种可以制造矛盾的手段，如断裂、错位、扭曲、夸张、变形、矛盾共处等，把传统的构件组合在新的情景之中。

图 1-19 文丘里设计的母亲住宅

后现代主义的代表人物有汉斯·霍莱茵、查尔斯·摩尔、罗伯特·文丘里、麦克尔·格雷夫斯等。

1.2.2.2　高技派

高技派（High-Tech）始于 20 世纪 30 年代，发展至 20 世纪 70 年代，其作为一个完整的潮流被业界广泛接受。它以表现高科技成就与美学精神为依托，主张注重技术、展示现代科技之美，反对传统的审美观念，以工业技术作为设计形象的创作源泉；设计中坚持采用新技术、新材料及新工艺，建立与高科技相对应的设计美学观。

高技派的设计喜爱采用最新的材料（高强钢、硬铝或铝合金等），并以暴露、夸张的手法塑造建筑结构的造型，有时将本应包容的内部结构加以有意识的裸露、外翻；有时将金属材料的质地表现得淋漓尽致；有时将复杂的结构涂上鲜艳的原色用以表现和区别，赋予整体空间形象以轻盈、快速、灵活等特点，以表现高科技时代的"机械美""时代美""精确美"等新的美学精神（图 1-20、图 1-21）。因此，也有人将这种风格的室内设计及建筑设计称之为"工业波普"或"工业巴洛克"。

图 1-20　皮阿诺、罗杰斯设计的蓬皮杜文化艺术中心

高技派注重反映工业成就，其表现手法多种多样，强调对人有悦目效果的、反映当代最新工业技术的"机械美"，宣传未来主义。但是，高技派往往只是用技术的形象来表现技术，它的许多结构和构造并不一定很科学，有时由于过分的表现反而使人有矫揉造作之感。

高技派的代表人物有理查得·罗杰斯、诺曼·福斯特、尼古拉斯·格林姆肖、迈克尔·霍普金斯等。

图 1-21　诺曼·福斯特设计的法兰克福商业银行

1.2.2.3　解构主义

解构主义（Deconstruction）由法国哲学家雅克·德里达于 1967 年提出，后引入建筑领域。解构主义源于不满西方几千年来贯穿至今的哲学思想，对那些传统的不容置疑的哲学信念发起挑战，是对西方现代主义流派的逻辑上的否定，对统一、秩序的挑战。

解构主义追求毫无关系的复杂性和无关联的片断。运用打碎、叠加、重组、散乱、残缺、突变、动势、奇绝等各种手段创造室内外空间形态，对传统的功能与形式的对立统一关系转向两者叠加、交叉以并列，用分解和组合的形式表现时间的非延续性，以此迎合人们渴望新、奇、特等刺激的口味，同时满足人们日益高涨的对个性、自由的追求。作品给人以灾难感、危险感、悲剧感，使人获得与建筑的根本功能相违背的感受，无中心、无场所、无约束。由于方法上反对约定俗成，具有设计者因人而异的任意性、个人性和表现性（图 1-22 ~ 图 1-24）。

图 1-22　盖里设计的柏林 DG 银行总部贸易大楼

图 1-23　盖里设计的巴拿马生物多样性博物馆

图 1-24　作品采用分解和组合的形式表现时间的非延续性，以此迎合人们渴望新、奇、特等刺激的口味

解构主义的代表人物有彼得·埃森曼、伯纳德·屈米、弗兰克·盖里、扎哈·哈迪德、丹尼尔·利伯斯金、蓝天组等，其中以弗兰克·盖里的影响最大。

1.2.2.4　新现代主义

新现代主义（Neo-Modernism）是与后现代主义同时发展起来但又相互区别的反国际现代主义设计思潮的流派，它在建筑设计领域被称为"晚期现代主义"。在设计理念上，新现代主义破除了现代主义的戒律，向多元化发展。在设计形式和语言上，它从现代主义中变体而出，是对现代主义的补充与丰富，是对现代主义的纯粹化和净化处理。新现代主义继续沿用现代主义的严谨、明确的功能主义原则，同时也进行了各种不同的个人诠释，而形成了现代主义基础上的个人性变化，使得现代主义得以继续发展（图1-25、图1-26）。

图 1-25　迈耶设计的巴塞罗那现代艺术馆

图 1-26　贝聿铭设计的美秀美术馆

新现代主义在 20 世纪 60 年代和 70 年代初露端倪，并在其他流派逐渐衰退之际，在 21 世纪初依然保持着发展势头。因为其形式类似于 20 世纪 20 年代的德国包豪斯提倡的风格，所以也有人称其为"新包豪斯"（New Bauhaus）。

新现代主义的代表人物有理查德·迈耶、西撒·佩里、贝聿铭、安藤忠雄、黑川纪章、桢文彦等。

1.2.2.5　极少主义

"极少主义（Minimalism）"这一名称最早由美国现代著名的艺术评论家巴巴拉·罗斯提出。极少主义与 20 世纪 60 年代美国的现代艺术潮流有一定的渊源关系，是对现代主义设计理论与设计风格的某种继承与发展。极少主义将室内所有的元素简化到不能再简的地步，去掉一切非本质的装饰，而追求极端抽象简约的设计风格；"少就是多"进一步演变为"无就是有"，常用雕塑感的抽象几何结构来塑造室内空间，产生了与传统设计迥然不同的外观效果，设计又回到空间、光线、材料、体量等这些最初的基本出发点上；喜欢采用硬朗、冷峻的直线条，光洁而通透的地板及墙面，利落而不失趣味的设计装饰细节。这种简洁、明快的设计风格十分符合快节奏的现代都市生活。另外，极少主义设计在材料上的"减少"，在某种程度上能使人的心情更加放松，从而创造出一种安宁、平静的生活空间（图 1-27、图 1-28）。

此外，极少主义室内设计还主张运用大片的中性色与大胆而强烈的重点色、轮廓鲜明的直线

图 1-27　极少主义喜欢采用硬朗、冷峻的直线条，
利落而不失趣味的设计装饰细节

图 1-28　极少主义设计给人一种安宁、
平静的内心感受

条与少量的图案装饰作夸张的对比，达到一种视觉冲击力，以突出这种简单、纯粹、优雅、时尚的风格。对于极少主义室内设计，最重要的是在简约的装饰之余留下足够的空间，这是使人身心放松、给人无限遐想的空间，它存在的意义很大程度上也在于此。

极少主义的代表人物有意大利的"宙斯组"、菲利浦·斯塔克、仓俣史朗等。

1.2.2.6 自然主义

面对当今城市冰冷的钢筋混凝土丛林，以及快节奏的生活状态，人们与大自然亲近的机会越来越少，渴望回归大自然的心理需求日趋迫切。这种回归自然的心态形成了一种新的设计风格——"自然主义风格"。自然主义（Naturalism）风格倡导"回归自然"，推崇真实美、自然美；他们认为在高科技发展的今天，人们只有在温柔的自然当中才能缓解紧张和压力，才会使人的生理以及心理趋于平和、安定。例如，院中有池，池中有喷泉，在墙上爬有一株常青藤，人们可在品茗之时倾听流水的潺潺之音，感受宁静与安详的氛围。

自然主义常运用天然的木、石、藤、竹等材质的纹理，在室内环境中力求表现悠闲、舒畅、自然的田园生活情趣。当然，室内空间不能仅以摆放植物来体现自然的元素，而是从空间本身、界面的设计乃至风格意境里所流淌的最原始的自然气息来阐释风格的特质（图 1-29、图 1-30）。

1.2.2.7 绿色设计

"绿色设计（Green Design）"是 20 世纪后兴起的设计思潮，它是由于人类的无序发展造成环境污染、资源匮乏等系列问题而引发的设计观念的变革。绿色设计是可持续发展理论的具体化的新思潮、新想法。

绿色建筑是提倡建筑设计与环境保护结合起来的一种建筑派别，是以对环境影响最小而获得极大利用自然的方式来满足功能要求的建

图 1-29 运用天然的木材，力求表现悠闲、舒畅、自然的田园生活情趣

图 1-30 独特的界面设计使空间本身具有了原始的自然气息

图1-31　建筑外观的材质选用软木，质轻、绿色环保，
材料能得到回收或循环再利用

筑。它要求设计者尽可能减少对原材料、自然资源的消耗，减轻环境污染；室内的空气质量尽可能得到有效的调节；所选材料尽可能绿色环保；生产、使用、运输中的污染与能耗尽可能加以回收或循环利用（图1-31）。

　　绿色设计反映了人们对于现代科技所造成的环境及生态破坏的反思，同时也体现了设计师道德和社会责任心的回归。

1.2.3　当代室内设计的发展趋势

　　随着装饰行业的迅猛发展，室内设计已经成为一个备受关注的职业。室内设计紧随装饰行业的发展也出现了新的发展趋势。

1.2.3.1　提倡以人为本，重视人性关怀

　　"以人为本"是室内设计永恒的主题，未来的室内设计也将延续和升华这一主题。设计师要围绕人的生活习性，爱好以及风俗等进行"量体裁衣"的人性化设计。设计的目的是使人的生存环境和物质空间更加适合人性，使人们在室内空间中的心理更加健康，并使人类的感情更加丰富，人性更加完善，真正达到人与物的和谐及"物我相忘"的境界。

　　在室内设计中，首先应该重视的是人性关怀。现代室内设计考虑问题的出发点和最终目标都是为人服务，以满足人们生活、工作、休息与娱乐等的需要，为人们创造理想的室内空间环境，使人们感到生活在其中能够受到关怀和尊重。同时，室内空间一旦形成，还能启发、引导甚至在一定程度上改变人们活动于其间的生活方式和行为习惯。正因如此，室内设计应该始终把人对室内环境的需求，包括物质使用和精神满足两方面，放在设计的首位。

　　其次就是创造理想的物理环境，在通风、制冷、采暖、照明等方面进行仔细的探讨，还应该注意到安全、卫生等因素。除满足这些要求以外，还要进一步注意人们的心理情感需求，这是在设计中更难解决也更富有挑战性的任务。

　　此外，现代室内设计需要满足人们的生理、心理等要求，需要综合地处理人与环境、人际交往等多项关系，需要在为人服务的前提下，综合解决使用功能、经济效益、舒适美观等种种要求。在设计及实施的过程中还会涉及材料、设备、定额以及与施工管理的协调等诸多问题。可以认为，现代室内设计是一项综合性极强的系统工程。

1.2.3.2　倡导生态化、环保化设计

　　室内设计必须生态化、环保化，这是21世纪室内设计面临的最迫切的课题。如何保护人类赖以生存的环境、维持生态系统的平衡、减少对地球资源与能源的高消耗，无疑是室内设计将要面对的重要任务。同时，室内设计的生态化、环保化主要包括两个方面的内容，首先是设计师必须有环保意识，应尽可能多地节约自然资源，少造垃圾；其次是在设计中应尽可能地创造绿色室内环境，不仅在室内设计中广泛运用各种绿色建材，还要利用各种设计手段使人们在室内环境中能够最大限度地接近自然，这也是可持续发展与绿色设计对室内设计提出的更高层次的要求。室内

设计生态化的发展趋势主要表现在以下 3 个方面。

（1）倡导适度消费，反对奢华主义。在室内设计中倡导适度消费的理念，即倡导现代节约型的生活方式，反对奢华和铺张浪费，强调把生产和消费维持在资源和环境的承受能力范围内，以维护其发展的可持续性，并展现出一种崭新的生态文化价值取向。

（2）注重生态美，遵循生态规律和美的法则。在室内设计的传统审美内容中增加生态因素的内容，即在设计中强调自然生态美，欣赏质朴、简洁的风格，而不刻意雕琢，同时又强调人类在遵循生态规律和美的法则下，运用科技手段加工创造出的室内绿色景观与自然的融合，形成生态美学的新追求。

（3）倡导节约和循环利用。在室内设计中要注重对自然资源及材料的合理利用，在室内空间组织、装饰装修、软装设计中应尽可能多地利用自然元素和天然材质，以创造自然、质朴的生活与工作环境；同时，强调在室内环境的建造、使用和更新过程中注重对常规能源与不可再生资源的节约和回收利用，即使对可再生资源也要尽量低消耗使用。应按照"绿色设计"的理念来进行未来室内的设计，这是室内设计得以持续发展的基本手段，也是未来室内生态设计的基本特征。

1.2.3.3　重视运用当代新技术

当代新技术的运用是室内设计中的一种重要趋向。科学技术的进步将会主宰未来室内设计的发展，促使人们的价值观和审美观发生改变。为此，面向未来的室内设计，必须充分重视并积极运用当代新技术的成果，使之达到最佳声、光、色、形的匹配效果。在室内设计领域，当代设计师正尝试着运用各种方法探讨室内设计与人体工程学、视觉照明学、环境心理学等学科之间的关系；尝试着新材料和新工艺的运用；尝试着运用最新的计算机技术去表达设计。总而言之，高技术正表现出与生态设计理念相结合的趋势，出现了诸如双层立面、太阳能利用、地热利用、智能化通风控制等一系列新技术。

在新材料方面，采用环保材料，采用环保技术，如木质材料的防甲醛技术、地面天然石材的防辐射技术等。采用先进的施工技术，并定期进行室内环境的检测。室内空气中的甲醛主要来源于各种胶粘剂、涂料、防水剂、化纤制品、墙纸、泡沫塑料等。各种人造板（刨花板、纤维板、胶合板）中由于使用了胶粘剂，因而可能向室内空气中较长时间地释放甲醛。室内空气中的甲醛长期超标，对人的眼、鼻、支气管等具有强烈的刺激作用，使人感到周身不适、头痛、眩晕、恶心，甚至可能引起鼻癌。

在新结构方面，主要体现在用新型轻钢、轻型木结构、工业塑料之类的新结构体系来取代笨重的钢筋混凝土、砖石、重型钢结构。轻型新结构的优势在于造价低，装配和运输方便，利于普及，尤其是"旧材料新结构"是目前的一大发展方向（图 1-32）。

图 1-32　顶棚采用新型轻钢，方便装配和运输

在新设备和新工艺方面，采用大规模工厂化加工、现场装配的施工方式。充分利用工厂设备先进、机械化加工、速度快、质量高及产品误差小、易于拼装的特点，进行现场装配的流水化施工。这种新工艺对于室内设计标准的控制、装饰成本的降低、施工工艺的便捷都起到了积极的促进作用，使设计变得更加简单（图1-33）。

图1-33　大型构件采用工厂化加工、现场装配的施工方式，速度快、质量高

就我国的国情而言，要有选择地把国外的科技与中国的实际情况相结合，以推动国内室内设计在科技方面的进步。同时，将人文、艺术、自然与现代科技融合起来，应用在人们的生活环境中，如智能型办公室、智能型住宅、智能型娱乐环境等将逐渐发展，这就是未来室内设计的总体发展方向。

1.2.3.4　注重多元与并存

多元化是时代发展的必然结果，是打破单一垄断、实现行业体制创新的核心内容之一。当今的室内设计态势，从观念到手法都出现了多元化、多层次、多角度的交融，并影响到室内设计风格流派也呈现多元发展的趋势。其中，室内设计中的古典样式会继续受到相当一部分人的喜爱，因材料工艺不同于古代，这种风格样式会明显地简化和抽象化；后现代主义流派还会不断出现新的支流，超级平面美术会利用它的色彩绘饰手法，会与其他造型艺术作品结合而增加人情味后得以普及；绿色派必将发展成为设计流派中的主流，在发展过程中还会派生出支流，去深化室内的绿色设计。而新现代主义重视功能、强调理性的合理成分以及对室内设计的多元化改良、发展和完善，将推动其多元化设计新局面和新趋势的不断出现。

此外，流行时尚也将对未来室内设计的多元发展起到重要的推动作用。就室内设计而言，时尚不仅仅意味着满足人们猎奇的需要，更意味着创新。为此，未来的室内设计应把握时尚的价值体系和发展脉搏，通过想象力和创造力来引导消费者和时尚的消费市场（图1-34）。当然，室内设计绝不仅是为了制造一个可供使用的商品而已，而是为了使人们能够不断地感受到时尚的魅力。

事实上，众多流派的纷争并无绝对正确与谬误之分，它们都有其存在的依据与一定的理由，与其争论谁是谁非，还不如在承认各自相对合理性的前提下，重点探索各种观点的适应条件与范围，这对室内设计的发展更有意义。只有达到多元与个性的统一，才能达到"珠联璧合、相得益彰"的境界，才能真正使室内设计创作走向繁荣。

1.2.3.5　尊重历史文脉的延续

现代主义设计曾经出现过一种否定传统、否定历史的思潮，这种思潮不承认过去的事物与现在有某种联系，认为当代人可以脱离历史而随自己的意愿任意行事。随着时代的推移，人们已经认识到这种脱离历史、脱离现实生活的世界观是不成熟的，是有欠缺的。人们认识到：历史是不可割断的，我们只有研究事物的过去、了解它的发展过程、领会它的变化规律，才能更全面地了解它今天的状况，也才有助于我们预见到事物的未来，否则就可能陷入凭空构想的境地。因此，在 20 世纪 60 年代之后，设计界开始重视历史文脉，倡导在设计中尊重历史，使人类社会的发展具有历史延续性。这种趋势一直延续至今。

尊重历史的设计思想要求设计师在设计时，尽量把时代感与历史文脉有机地结合起来，尽量通过现代技术手段使古老的传统重新活跃起来，力争将时代精神与历史文脉有机地熔于一炉。这种设计思想无论在建筑设计还是在室内设计领域都得到了强烈的反映，在室内设计领域还往往表现得更为详尽。特别是在生活居住、旅游休息和文化娱乐等室内环境中，带有乡土风味、地方风格、民族特点的内部环境往往比较容易受到人们的欢迎（图 1-35）。因此，室内设计师应特别注意突出各个地方的历史文脉和各民族的传统符号，使地方特色在室内环境中得到充分的展现。

图 1-34　迫庆一郎设计的杭州"浪漫一身"专卖店

图 1-35　贝聿铭设计的苏州博物馆

1.2.3.6　强调多学科多领域跨界合作

跨界合作（crossover）指的是两个不同领域的合作，目前在更多时候代表一种新锐的生活态度和审美方式。"跨界合作"不是简单的折中或混合，而是强调各方结合之后撞击出新的火花，大胆颠覆常规界限，以创造出全新的效果。

室内设计是在一定的时代背景下发生的所有与设计有关的综合因素共同作用的反映。不同的时代背景可以提供不同的设计原动力。比如现在的数码艺术，它启示人们可以用数码的形式和思维方式来创造空间，具体到室内设计，也带来了观念的冲击与发展。设计者要学会通过更多的途径，站在更多的角度（比如空间与人、空间与社会等）去处理设计的问题，通过各个设计领域的交叉应用，找到各种技术及思维方式的结合。

如果室内设计师能够以一种更加多维的视角去思考和对待室内设计这个领域，开拓思路，关注自身与周围的联系，就能真正推动室内设计向更好的未来前行。

1.3　室内设计的学习方法

要想成为一名合格的室内设计师，就需要一种合理的学习方法，需要对学习内容进行统筹安排。室内设计的学习分为理论学习和实践学习两部分，两者之间既有联系又有区别。理论关注的是学科的基本知识和学科动态前沿，而实践关注的是具体的、与现实相关联的特定实例。理论是学习与实践的基础，实践是理论的应用和深化。只有加强对两者的深入学习，才能符合作为优秀室内设计师的人才标准。

1.3.1　基础理论的学习

室内设计基础理论是指室内设计原理的一般规律并为应用研究提供有指导意义的共同理论基

础，是室内设计师进行设计时最重要的理论技术依据；经过多年的研究发展和实践总结，已经积累了丰富的内容。在学习中应注意以下 5 个方面。

1. 注重对人与自然的关怀

人是室内活动的主体，满足人的生理和心理需求是营造室内空间的根本目的，是现代室内设计的核心内容。因此，围绕人在内部空间的活动规律而发展出的理论就构成了室内设计原理的基础。

2. 注重全球文化与地域文化的发展变化

不同地域的文化各具特色，有其特殊规律和历史延续性。因此，我们既要时刻关心当代全球文化发展的新成果，了解具有时代精神的价值观和审美观，又要充分尊重不同地域特有的传统文化。在室内设计创作中应对这方面的内容给予充分关注，以促进室内设计创作的繁荣。

3. 熟悉人体工程学和环境心理学

人体工程学是研究人、物、环境三大要素之间的关系，为解决该系统中人的效能、健康问题提供理论与方法的科学。过去人们常把人和物、人和环境割裂开来，孤立地对待。而人体工程学把人、物、环境三者作为一个整体，系统地进行研究，其成果有助于我们协调人、物、环境之间的关系，达到三者的完美统一。

环境心理学着重从心理学和行为的角度探讨人和环境之间的相互关系。主要涉及室内设计与人的行为模式和心理特征相符合；认知环境和心理行为模式与室内空间组织的关系；室内空间使用者的个性与环境的相互关系等。

通过对这两大学科相关内容的学习，有助于从人的生理与心理角度出发考虑室内设计问题，塑造充分满足人的生理和心理需求的理想的内部空间。

4. 对相关工程知识的学习

室内设计所涉及的专业很多，技术要求各有不同，因此必须了解相关知识才能更好地学习室内设计。与室内设计相配合的其他工种包括建筑结构类、管道设施类（水、电、暖、空调、消防）、电器设备类（电器、照明、办公设备）、软装设计类（窗帘、床上用品、绿化、字画、摆件等）。如此众多的元素必然要求设计师具有宽广的知识面，对相关学科知识都要有所了解。特别是在进行大型公共建筑内部空间设计时，牵涉业主、施工单位、经营管理方、结构、水、电、空调工程以及供货商等，设计师只有对各方面的知识都有所了解，才能与各方人员顺利沟通、相互协调，解决复杂工程中的复杂问题，达到各方面都能满意的结果。

5. 熟悉相关规范

室内设计首先要保证室内空间使用的安全，其次才是装饰效果。为了确保工程安全，国家制定了很多专业规范。室内设计中的常用规范有《建筑设计防火规范》《建筑内部装修设计防火规范》《高层民用建筑设计防火规范》《民用建筑工程室内环境污染控制规范》《建筑装饰工程施工及验收规范》等。作为设计师应该了解常用规范的内容，熟悉主要数据，在设计中主动运用，确保设计符合现行规范的要求。

1.3.2 专业实践的学习

专业实践是培养设计师综合运用所学的基础理论、专业知识、基本技能来应对和处理问题的能力，是检验设计师对专业设计能力以及社会综合能力掌握的重要标准。对专业实践的学习应从以下 4 个方面着手。

1. 案例学习

室内设计案例学习指的是通过对具体的室内设计案例的分析和讨论，形成对室内设计的本质、意义、原理和局限性等内容的认识，了解室内设计中疑难问题的解决方法。

案例学习为每个参与讨论者提供了同样的事实与情景，其中所隐含的决策信息是相同的。由于每个人的知识结构不同，对案例的理解就会有不同，不同的观点与解决方案在讨论中会发生碰撞，产生火花。通过讨论可以逐渐完善对案例的认识，加深对理论知识的理解。

2. 室内空间体验学习

所谓室内空间体验指的是设计者亲身沉浸在已建成的室内空间环境中，与空间相融，感受空间的存在，与空间进行交流互动。这是学习室内设计的一种重要方法。

室内空间是由具体的物质围合而成的，它不是抽象而是具体的。一个画在纸上的方案不是空间，它只是对空间或多或少的间接表现，只有空间体验才是最直接、最真实的。空间体验能够帮助我们将经由图纸得来的对设计作品的印象在真实环境中加以印证，从而获得对空间、材料、色彩、光线、尺度等最真实直接的体验。我们应该学会以一种具体的方式去体验室内空间，去看它、摸它、听它甚至闻它的味道。我们只有带着对室内设计作品具体形象的体验并受其影响，才有可能在心灵中唤起这些形象并重新审视它们，从而帮助我们发现新的形象，设计出新的作品。

3. 室内设计专题训练

所谓专题训练是指有一定独立性的、有明确的题目和任务、可以获得一定成果（阶段成果）或结论的室内设计，是由学生在教师指导下独立完成的设计实践过程。在教学中表现为课程设计、毕业设计和室内设计实习（实践）等形式。

专题训练的主要目的是培养学生运用已获得的一系列基础知识和专业技术，进行综合思考和分析，进一步训练运用创造性思维分析和解决问题的能力。专题训练的题目有两种，一种是假想的，另一种是实际的，这两类题目各有利弊。前者有利于教学的系统性，但与工程实践有一定的距离，后者的特点正好相反。为了使学生毕业后能尽快融入社会，在教学中应适当增加以实际工程为主题的训练。

4. 施工现场实践教学

施工现场实践教学的目的是在学生完成基础课、专业基础课和专业课的基础上，通过工程施工实习，进一步了解室内设计工程的设计、施工、施工组织管理及工程监理等主要技术，使书本理论与生产实践有机结合，扩大视野，增强感性认识，培养学生独立分析问题和解决问题的能力，以适应未来实际工作的需要。

室内设计工程施工的现场实践教学有助于提高专业课的教学质量；丰富和拓宽学生的专业知识面；加深学生对结构体系、细部构造、装饰材料、施工工艺、施工组织管理、工程预算等内容的理解，巩固课堂所学的知识；使学生了解装饰施工企业的组织机构及企业经营管理方式等，达到理论联系实际的目的。

1.4　室内设计师应具备的素养

室内设计近年来成为热门的行业，要想在这个行业中脱颖而出，为使用者打造出理想、舒适、美观的环境成为衡量一名优秀室内设计师的标准。要想在这个行业占据一席之地，得到大家的认可，使未来的发展有更大空间，就需要从自身素质和能力上来把握。

1. 具备广博的科学文化知识、美学知识与艺术素养

作为专业室内设计师，必须具备敏锐的审美感受能力和艺术表现能力。这两种能力的获得和发展，一方面要通过设计师本人在生活实践和艺术创作实践中去锻炼和积累，另一方面，要从学习艺术知识和接受前人的艺术经验中得到培养和提高。另外，艺术素养的提高不仅要懂得自身的专业，还要学习美学、文学、文艺理论、美术史、设计史、色彩学、诗词歌赋等。"功夫在画外"一说不无道理，只有不断提高自身的艺术修养，才能设计出独树一帜、耳目一新的作品来。

2. 具有良好的职业道德准则

室内设计的职业道德是指在室内设计职业中应遵循的基本道德，是设计行业对社会所负的道德责任和义务，它属于自律范畴。要真正做好室内设计，使自己的设计能在社会上得到认可，良好的职业道德是成为一个优秀设计师的最基本的素质要求。

3. 具有建筑设计知识及空间设计的理解能力

室内设计是基于对建筑设计的充分解读之上的，是建筑设计理念的深入和延续，而非表面性的、无根据的单纯装饰。室内设计师必须对建筑结构知识有一定的经验积累，才能够对室内空间的技术问题有全面的认知，才能够根据具体情况进行创造性的设计。在实际工作中，设计师必须加强对空间设计的理解，把握空间观念和方法，采取恰当的手法进行空间的再设计，合理利用空间，不浪费资源，有效地节约成本，才能不断地革新超越，创作出高品质的设计作品。

4. 具备准确的、熟练的表现能力

作为一个合格的室内设计师，必须熟练掌握手绘表现方法，它是室内设计师表现思维方式、传递设计理念的重要手段之一，是一种无声表达情感的特殊语言，室内设计离不开这种图像化语言的展现。能够掌握手绘还不够，还必须熟练掌握有关电脑软件，如 AutoCAD、3ds MAX、Photoshop 等。室内设计师必须对这些知识了解清楚，能够熟练地将这些技能结合在一起，运用到实际设计之中，这是对一个室内设计师专业能力的最基本要求。

5. 具备沟通和诠释的能力

作为一个室内设计师，绝大多数时候只是根据使用者的要求去进行设计。如何清楚地了解使用者的意图，需要很强的理解能力；遇到客户不合理的要求，要从专业角度向客户解释这样做的不合理性，向客户清晰地表达自己的设计理念。所以，善于协调和沟通才能保证设计的效率及效果。这是对现代室内设计师的一项附加要求。

> **思考与练习**
>
> 1. 如何理解室内设计？它与建筑设计有什么区别和联系？
> 2. 室内设计的目的和任务有哪些？
> 3. 如何理解室内设计的原则？

4. 怎样看待传统建筑室内设计的发展与演变？如何看待东西方两种室内设计思想的差异？

5. 室内设计的流派与风格有哪些？简述各流派与风格的特点。

6. 如何理解当代室内设计的发展趋势？

7. 学习室内设计的方法有哪些？作为一名合格的室内设计师应具备怎样的基本素质和能力？

设计任务指导书

1. 设计题目：名家作品解读

2. 设计目的

通过对优秀作品的解读，全面了解和把握名家作品的设计思想、设计特点和设计语言，了解室内空间的本质。

3. 设计内容和成果

（1）材料分析及图解，一律手写；

（2）草图、平面图、立面图、剖面图、彩色透视图至少各一张；

（3）平面图、立面图、剖面图用墨线尺规绘制，草图和彩色透视图徒手绘制；

（4）A2绘图纸至少2张，图幅版式自定；

（5）注明作业名称、学号、年级、姓名等。

第 2 章

室内设计的内容
与程序步骤

2.1 室内设计的内容与分类

2.1.1 室内设计的内容

室内设计是针对室内环境的提升而涉及的一系列的创造行为，这个过程涉及的主要设计内容包括由界面围合成的空间造型的设计（地面、墙面、顶面），室内平面功能分析和空间尺度设计，室内采光、照明要求和音质效果，室内材质选择与色彩设计，室内软装设计，室内声、光、热等物理环境的设计，室内环境空气质量的有效控制（有害气体和粉尘含量、负离子含量、放射剂量……）等（图 2-1）。

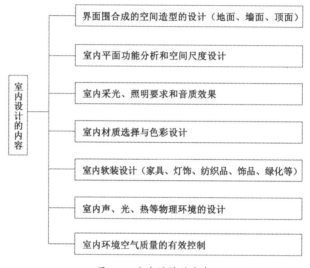

图 2-1　室内设计的内容

随着社会的发展和科技的进步，还会有更多新内容不断涌现。因此，要求设计师在从事设计实践时，根据项目的不同功能要求，尽可能熟悉相关的基本内容，了解与该室内设计项目关系最密切、影响最大的环境因素，从而在设计时能主动自觉地考虑各项相关因素，能与相关工种专业人员相互协调、密切配合，有效地提高室内环境设计的内在质量。

从现代室内设计总体上看，设计的内容可归纳为以下 3 个方面。

1. 室内空间组织和界面设计

首先要对原有建筑内部的总体布局、功能安排、人流动向以及结构体系等有深入的了解，然后对室内空间和平面布置进行调整、完善或再创造。由于现代社会生活的变化节奏加快，已有的室内空间功能需要不断变换和调整，或者进行改造或重新组织，这在当前各类建筑的更新改造项目中屡见不鲜。改造或更新室内空间组织和平面布置，当然也离不开对室内空间各界面围合方式的设计（图 2-2 ~ 图 2-4）。

室内界面设计，是指对室内空间的各个围合面（地面、墙面、顶面、隔断等各界面）的造型、图案、色彩、肌理构成等的设计，以及界面和结构构件的连接构造，界面和水、电等管线设施的协调配合等方面的设计。界面处理的好坏直接牵涉到室内环境的整体效果。界面设计时应以物质功能和精神功能的要求为依据，同时还要考虑相关的客观环境因素和主观的身心感受，便于使用者达到环境适宜、身心愉悦的目的。

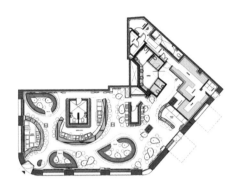

图 2-2　合理的功能划分是引导室内设计走向
良性发展的重要前提

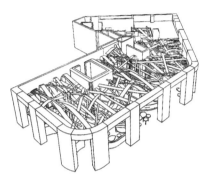

图 2-3　Ikibana 餐厅鸟瞰图

图 2-4　餐厅采用木质的有机造型，使其蜿蜒环绕在餐厅周围，如同一片枝繁叶茂的森林，
彼此交织，引人入胜，使就餐氛围更加富有生气

值得注意的是，室内界面处理不一定非要做"加法"。在有些项目中，从建筑物的使用性质、功能特点等方面考虑，一些建筑结构构件，如混凝土墙体、清水砖墙、网架屋顶等，也可以不加任何装饰地直接呈现，作为界面处理的手法之一。这也正是现代室内设计与单纯的室内装饰在设计思路上的区别（图 2-5、图 2-6）。

2. 室内光照、色彩设计和材质的选用

光是人类生活中不可缺少的重要元素，是人们对外界视觉感受的前提。室内光照主要是指室内环境的天然采光和人工照明，光照除了满足人们对于正常的工作、生活环境的采光、照明要求外，还能对人的生理和心理产生显著的影响，光照和光影效果还能有效地起到烘托室内环境气氛的作用（图 2-7、图 2-8）。

图 2-5　采用清水混凝土作为墙体界面

图 2-6　采用轻质网架作为屋顶界面

图 2-7　通过对自然光的精心设计，室内
空间呈现出美轮美奂的迷人效果

图 2-8　人工照明还能有效地起到烘托
室内环境气氛的作用

色彩是室内设计中最为活跃、最为生动的元素，也是光照呈现的直接结果。室内色彩往往给人们留下室内环境的第一印象，具有独特的表现力。人们通过视觉感受色彩，进而产生一定的生理和心理反应，使人形成丰富的联想和想象（图 2-9）。此外，色彩还必须依附于界面、家具、室内织物、绿化等物体。室内色彩设计需要根据室内的使用性质、人的喜好、停留时间的长短、所需环境气氛等因素，确定室内的主色调，合理选择适当的色彩配置（图 2-10、图 2-11）。

图 2-9　鲜明、亮丽的色彩设计能使儿童产生丰富的
联想和想象，有益于儿童的身心健康

图 2-10　合理适当的色彩配置使空间充满了活力

图 2-11　偏中性的灰绿主色调能很好地烘托环境气氛

　　材料质地的选用是室内设计中直接关系到实用效果和经济效益的重要环节，巧妙用材是室内设计中的一大学问。饰面材料的选用，应该注意同时满足使用功能和人们的身心感受这两方面的要求，例如坚硬、平整的花岗石地面，自然、亲切的木质面材，光滑、精巧的镜面饰面以及轻柔、细软的室内纺织品等不同材质，会给人带来不同的感受（图 2-12）。室内设计中的形、色，最终必须由材质这一载体来体现。在光照下，室内的形、色、质融为一体，赋予人们综合的视觉心理感受。

3. 室内内含物（家具、灯具、陈设、织物、绿化等）的设计和选用

图 2-12　轻柔、细软的软包给人带来身心愉快的感受

　　家具、灯具、陈设、织物、绿化等室内设计的内容，可以相对独立地脱离室内界面布置于室内环境空间里。通常它们都处于人们视觉中显著的位置，容易吸引人的注意；家具还直接与人体接触，被人近距离感受（图 2-13）。在室内环境中，它们的实用和观赏价值都非常突出。不仅如此，家具、灯具、陈设、织物、绿化等对于烘托室内环境气氛、形成室内设计风格等还具有举足轻重的作用。

　　特别值得一提的是，室内绿化在现代室内设计中越来越受到人们的重视，具有不可替代的特殊作用。室内绿化具有改善室内小气候和吸附粉尘的功能，更为重要的是，室内绿化给以人工物品构成为主的室内环境增添了自然气息，柔化了室内的人工环境，使室内环境显得

图 2-13　灯具与会议桌相对应，既满足了照明需要，又起到了装饰作用

生机勃勃，令人赏心悦目。此外，在高节奏的现代社会生活中，室内绿化还具有调节人们心理平衡的作用（图 2-14）。

图 2-14　室内绿化柔化了室内人工环境，使室内环境显得生机勃勃

室内内含物的布置应根据环境特点、功能需求、审美要求等因素，精心选择、巧妙配置，才能创造出高品位、高舒适度、高艺术境界的室内环境。

除了以上所列的 3 个方面的内容，现代室内设计与另外一些学科和工程技术因素的关系也极为密切，如人体工程学、环境物理学、环境心理和行为学、建筑美学、材料学等；相关技术因素如结构构造、室内设备设施、施工工艺和工程经济、质量检测以及计算机辅助设计等。这些社会科学、自然科学和工程技术也是室内设计的重要内容，也应该和以上 3 个方面的内容一样被设计师掌握。

2.1.2　室内设计的分类

由于室内空间使用功能的性质和特点不同，各类建筑主要房间的室内设计对设计风格和施工工艺等方面的要求也各自有所侧重。例如，纪念性建筑和宗教建筑等有特殊功能要求的空间，对纪念性、艺术性、文化内涵等精神功能的设计方面的要求就比较突出，而工业、农业等生产性建筑的车间和用房，相对地对生产工艺流程以及室内物理环境（如温湿度、光照、设施、设备等）的创造方面的要求较为严格。

对室内空间环境按建筑类型及其功能的设计分类，其目的在于使设计者在接受室内设计任务时，首先应该明确所设计的室内空间的使用性质，也就是所谓的"功能定位"设计，这是决定室内空间布局的关键步骤；其次是涉及对造型风格的确定、色彩和光照以及装饰材料的选用等问题。这些问题的开展都与室内空间的使用性质，与设计对象的物质功能和精神功能紧密联系在一起。例如住宅的室内设计，即使经济上有可能，也不宜在造型、用色、用材方面使"居住设计宾馆化"，因为住宅与宾馆场所之间的基本功能和要求的环境氛围是截然不同的，因此相应的组合特征和设计方法也有根本性的区别。

室内设计按建筑的使用性质和功能特征可分为以下 4 个部分。

1. 居住建筑的室内设计

居住建筑的室内设计是以家庭为主的居住空间的设计，无论是独户住宅还是集体公寓均归在这个范畴之中。由于家庭是社会结构的一个基本单元，而且家庭生活具有特殊的性质和不同的需求，因而使居住室内设计成为一个专门的设计领域，其目的就在于为家庭解决居住方面的问题，以便于塑造理想的家庭生活环境。居住建筑室内设计分类如表 2-1 所示。

表 2-1　居住建筑的室内设计分类

建筑类型	建筑形式	室内空间设计类型
居住建筑室内设计	集合式住宅 公寓式住宅 别墅式住宅 院落式住宅 集体宿舍	起居室设计 卧室设计 书房设计 餐厅设计 厨房设计 卫生间设计

2. 公共建筑的室内设计

公共建筑的室内设计是指为人们日常生活和进行社会活动提供所需场所的设计活动。在公共建筑室内设计中，各类公共建筑的室内空间形态不同、性质各异，必须分别给予它们充分完善的功能和适宜的形式才能满足其各自所需，并发挥出各自的特殊作用。

公共建筑的室内设计的类型很多，概括起来主要可分为两类，即限定性公共建筑的室内设计与非限定性公共建筑的室内设计，如表 2-2 所示。

表 2-2　公共建筑的室内设计分类

建筑类型	建筑形式	室内空间设计类型
限定性公共建筑的 室内设计	教学建筑	接待室、休息室设计 会议室设计 办公室设计 食堂、餐厅设计 报告厅、礼堂设计 教室设计
	办公建筑	门厅设计 接待室、休息室设计 会议室设计 办公室设计 食堂、餐厅设计
非限定性公共建筑的 室内设计	宾馆建筑 商业建筑 文化建筑 科研建筑	门厅、大堂设计 营业厅设计 休息室设计 观众厅设计

续表

建筑类型	建筑形式	室内空间设计类型
非限定性公共建筑的 室内设计	会展建筑 交通建筑 医疗建筑 传媒建筑 通信建筑 金融建筑 体育建筑 娱乐建筑 纪念建筑	大餐厅、雅间设计 办公室设计 会议室设计 过厅设计 共享空间设计 多功能厅设计 排练厅设计 健身房设计 其他设计

3. 生产建筑的室内设计

生产建筑的室内设计是指为从事工农业生产的各类建筑物内部的空间环境进行的设计。生产建筑室内设计，在于改善工农业生产的环境，提高人们劳动的工作效率，便于生产的科学管理，为此设计一定要密切联系生产实际，能够满足多方面的需要。生产建筑的室内设计分类如表2-3所示。

表2-3　生产建筑的室内设计分类

建筑类型	建筑形式	室内空间设计类型
工业生产建筑的室内设计	主要生产厂房 辅助生产厂房 动力设备厂房 储藏物资厂房 包装运输厂房	门厅设计 车间设计 仓库设计 休息室设计 卫生间设计 其他设计
农业生产建筑的室内设计	饲养禽畜场房 保温保湿种植厂房 饲料加工厂房 农产品加工厂房 农产品仓储库房	门厅设计 厂房设计 仓库设计 休息室设计 卫生间设计 其他设计

4. 交通工具的室内设计

交通工具的室内设计是指一切人造的用于人类代步或运输的交通工具的内部环境设计。诸如陆地上的车辆、海洋里的轮船、天空中的飞机，它们大大缩短了人们交往的距离。随着火箭和宇宙飞船技术的发展，人类探索另一个星球的理想成为现实。也许在不远的将来，人们可以到太空中去旅行、观光、学习与生活。交通工具的室内设计分类如表2-4所示。

表 2-4　交通工具的室内设计分类

建筑类型	建筑形式	室内空间设计类型
交通工具的室内设计	汽车 轮船 飞机 火车、高铁 火箭和宇宙飞船	驾驶室设计 客舱室设计 餐饮室设计 休息室设计 办公室设计 会议室设计 娱乐空间设计 过厅、中庭设计 其他空间设计

2.2　室内设计的表达方法

由室内设计内容可以看出，室内设计过程是由一个庞大的综合体构成，而这个体系的各环节之间又存在一定的内在联系。因此，室内设计过程显然具有自身鲜明的思维特征，正是这种思维特征构成了室内设计过程的特有模式。在进行设计程序的讲解之前，系统地分析构成室内设计过程的表达方式是十分必要的。

室内设计过程主要表达方式有草图表达、图形表达和模型表达三种。

2.2.1　草图表达

草图表达是仅次于语言文字表达的一种最常用的表达方式，它的特点是能比较直接、方便和快速地表达创作者的思维并且促进思维的进程。这是因为草图表达所需的工具很简单，只要有笔、有纸即可将思维图示化，并且可以想到哪儿画到哪儿。

草图是设计师灵感火花的记录，思维瞬间的反映。正因为它的"草"，多数设计师才乐于用它来思维，借助它来思考。格雷夫斯在他的文章《绘画的必要性——有形的思索》中曾强调说："在通过绘画来探索一种想法的过程中，我觉得对我们的头脑来说，非常有意义的应该是思索性的东西。作为人造物的绘画，通常比象征图案更具暂时性，它或许是一个更不完整的，抑或更开放的符号，正是这种不完整性和非确定性，才说明了它的思索性的实质。"

对建筑设计师来说，草图表达实际上是设计师思考过程的体现，也是设计师从抽象的思考进入具体的图式的过程（图 2-15）。尽管设计的成果可能是以电脑辅助设计或其他形式出现，但草图的阶段对大多数设计来说，都是一个不可或缺的过程。这些草图，有的处于构思阶段的早期——对总体空间意象的勾画；有的处于对局部的次级问题的解决之中；有的处在综合阶段——对多个方案做比较、综合。它们或清晰或模糊，但这些草图都是构思阶段思维过程的真实反映，也是促进思维进程、加快建筑设计意象的卓有成效的表达方式（图 2-16）。

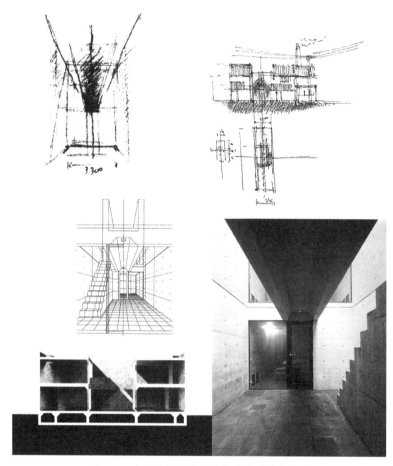

图 2-15　安藤忠雄设计的住吉的长屋创意草图

图 2-16　盖里绘制的巴拿马生物多样性博物馆草图

2.2.2 图形表达

图形表达是一种最方便、最有效、最灵活的表现形式。它能表达设计者的意图，用以记录、描绘设计者对设计对象的理解，也是设计者用技术的手法向使用者或施工者表达设计思考，规范制作方法的技术性文件。图形表达可采用手绘，也可采用机绘。

图形表达包括平面布置图、吊顶布置图、立面图、剖面图、局部详图和透视图。

平面布置图采用的是从上向下的俯瞰效果，如同空间被水平切开并移除了天花板或楼上部分。平面布置图可显示出空间的水平方向的二维轮廓、形状、尺寸以及空间的划分方式、交通流线、还有地面铺装方式，墙壁和门窗位置，家具、设备摆放方式等（图 2-17）。

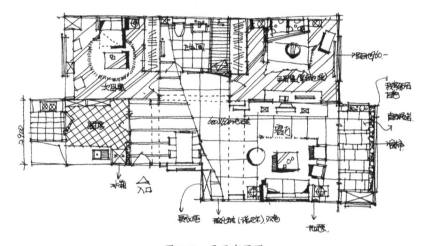

图 2-17　平面布置图

吊顶布置图表现的是吊顶在地面的投影状况，除了表达吊顶的造型材质、尺寸，还应显示出附着于吊顶上的各种灯具和设备（图 2-18）。

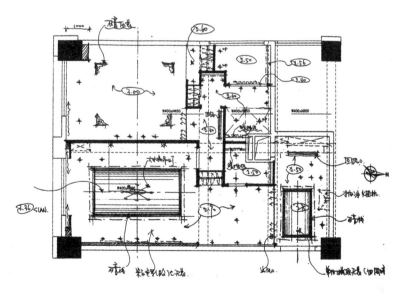

图 2-18　吊顶布置图

立面图是用以表达墙面、隔断等空间中垂直方向的造型、材质、尺寸等构成内容的投影图，通常不包括附近的家具和设备（固定于墙面的家具和设备除外）（图 2-19）。

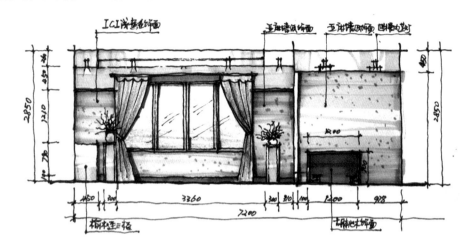

图 2-19　立面图

剖面图与立面图比较相似，表达建筑空间被垂直切开后，暴露出的内部空间形状与结构关系。剖切面应选择在最具代表性的地方，并应在平面布置图上标出具体位置。

局部详图是平面图、立面图或剖面图的任何一部分的放大，是内部构造的精准描绘。

透视图是用透视法在二维图纸上表达三维深度空间中的真实效果，并以线条、光影、质感和色彩加强真实感，可以展现尚不存在的建成后效果。透视图的使用缩短了二度空间图形的想象与三度实体间的

图 2-20　手绘透视图

差距，弥补平面图纸的表达不足，是设计师与他人沟通或推敲方案最常用的方法（图 2-20）。透视图分手绘和机绘两种，手绘透视图常用马克笔和彩色铅笔等工具来绘制，需掌握一定绘图原理、经验和技巧；机绘操作简便快捷，对于物体材料、质感、光线的模拟几乎以假乱真，是近年在设计领域中非常流行的一种表达方式。

2.2.3　模型表达

模型表达在构思阶段也有非常重要的作用。与图形表达相比较，模型具有直观性、真实性和较强的可体验性，它更接近于室内创作空间塑造的特性，从而弥补了图形表达用二维空间来表达室内设计的三维空间所带来的诸多问题。利用模型表达，可以直观地展示设计者的多种思路，为

方案的推敲、选择提供可信的参考依据；借助模型表达，可以反映出室内设计的空间特征，有利于促进空间形象思维的进程（图 2-21）。以前，由于模型制作工艺比较复杂，因而在构思阶段往往很少采用。但随着设备技术的提高，以及模型制作难度的降低，模型表达在构思阶段的应用越来越普遍，它在三维空间研究中的作用犹如草图在二维空间中的作用一样，越来越受到设计师的重视（图 2-22、图 2-23）。

图 2-21 手工制作的室内模型

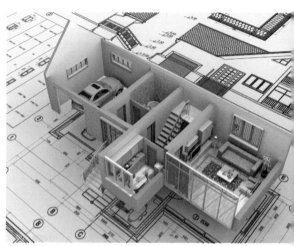

图 2-22 计算机表现的室内三维模型

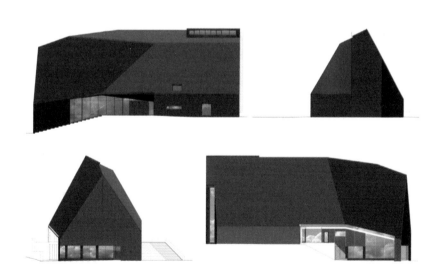

图 2-23 计算机表现的建筑外观三维模型

总之，草图表达、图形表达和模型表达是设计过程的 3 种主要的表达方式。它们各有特点，对设计进程有着不可缺少的作用。但它们各自也有缺欠，如草图表达直观性差，图形表达技术复杂，模型表达费时费力。这就使得设计过程的表达要将三者有机地综合运用，充分发挥各自的优点，弥补彼此的不足，以便更好地促进创作思维向前进行。

2.3　室内设计的程序步骤

　　在室内设计过程中，按时间的先后依次安排设计步骤的方法称为设计程序。设计程序是设计人员在长期的设计实践中发展出来的，是对既有经验的规律性总结。正确、合理的工作程序是顺利完成设计任务的保证，科学、有效的工作方法可以使复杂的问题变得易于控制和管理。室内设计的复杂性、内容的多样性，使设计步骤也会因不同的设计者、设计项目和时间要求而有所改变。但大体上设计过程有五个阶段，即方案调查阶段、方案设计阶段、施工图绘制阶段、方案实施阶段和方案评估阶段。不同阶段有不同的侧重点，并应针对性地解决每个阶段的问题，如表2-5所示。

表2-5　室内设计的程序步骤

	设计阶段	设计步骤	设计过程中涉及的要素
室内设计程序	方案调查阶段	现场勘察与测量	尺寸、形状、结构、门窗、梁柱、管道等设施状况；朝向、通风、采光、风向等气候情况；视野、邻近建筑物、树木等景观状况；供热、空调、水电等服务系统状况；建筑物本身的既有形式、风格等因素
		对客户采访	明确工程性质、规模、使用特点、投资标准
		收集资料	设计规范、同类工程实例、所需材料、基本数据
	方案设计阶段	方案初步构思	立意构思、绘制草图、确定结构工艺、方案优选
		方案拓展与修正	提出设计说明书、设计图纸（平面布置图、吊顶布置图、立面图、三维空间透视图、造价估算和室内装饰主材等）
	施工图绘制阶段	绘制施工图	平面布置图、吊顶布置图、立面图、剖面图、节点详图、细部大样图、设备管线图、门窗表等
		声、光、热等物理环境的设计	给排水系统、强弱电系统、消防系统、空调系统等管线和设备的布局定位以及施工配套设计
		施工概预算	依据设计说明书、施工设计图纸、国家规定的现行预算定额、单位估价表、各项费用取费标准以及各种技术资料，确定工程费用
	方案实施阶段	施工过程需要处理的问题	图纸技术交底；解答施工中遇到的难题；变更设计图纸；装饰材料选样；会同质检部门与客户进行质量验收；协助客户选择家具和陈设品等
		工程监理	对装修施工进行全面的监督与管理，确保设计意图的实施，使施工按期、保质、保量地完成
	方案评估阶段	同行专家的评价	技术、美学、经济、人性等方面的综合评价
		客户使用后的评价	方便性、舒适性、安全性、绿色环保等方面的评价

2.3.1　方案调查阶段

1. 现场勘察与测量

　　对于没有图纸的项目，自然需要到现场进行详细测绘，而对于已建成的项目，包括改建或扩建项目，虽然会有建筑等方面的配套图纸来提供已有元素的信息，现场的勘察、参观与测量还是会有助于我们更直观地把握建筑空间的各种自然状况和制约条件，包括它们的尺寸、形状、结构与门窗洞口的状况、朝向，窗外的视野，相邻建筑物、树木等周围景观情况，还有当地气候、日照采光、风向、供热、通风、空调系统及水电等服务设施状况。另外，建筑物本身的既有形式、风格等因素也不可忽视。除了以上基本数据掌握以外，还要对现有空间进行拍照、录像记录，以便进行研究和存查。

2. 对客户采访

详细调查客户的使用要求，并对其进行分析和评价，明确工程性质、规模、使用特点、投资标准，以及对于设计的时间要求，这就要求设计者与客户通过讨论方式进行交流，并提出建议，听取客户（包括终端用户）对这些建议的意见。对于功能性较强的复杂项目，可能还要听取众多相关人员的意见、建议，掌握各方面的事实数据、标准，从而为设计的成功增加更多的筹码。

3. 收集资料

了解、熟悉与项目设计有关的设计规范和标准，收集、分析相关的资料和信息，尤其功能性较强、性质较为特殊或我们过去不是很熟悉的空间，包括查阅同类型竣工工程的介绍和评论、所需材料、设备的数据等，以及对现有同类型工程实例进行参观和评价，这使我们在有限的时间内能够尽可能多地熟悉掌握有关的信息，并能够获得灵感和启发。

2.3.2　方案设计阶段

在方案调查阶段的基础上，进一步收集、分析、研究设计要求及相关资料，与客户进行沟通交流，形成相应的设计构思，然后进行多方案设计，继而经过方案比较、选择，从而确定最佳方案。

1. 方案的初步构思

这一阶段通常采用概念设计来完成，概念设计是利用图示语言表达对于各种功能、形式等问题的解决方式，它表现为一个由粗到精、由模糊到清晰、由抽象到具体的不断进化的过程。在这个阶段中，室内设计师将通过初步构思—吸收各种因素介入—调整—绘制草图—修改—再构思—再绘成图式的反复操作过程，最后形成一个各方均能满意接受的理想设计方案。这一过程实际上是室内设计师的思维方式从概念转化为形象的过程，是通常所说的室内设计师头脑中的设计语言通过形象思维转化为清晰的设计图式形象的过程，这一阶段是设计过程中的关键阶段。

初步构思阶段通常采用徒手草图表现，草图可以概括地表达构思要点，可大致确定出室内功能分区、交通流线、空间形象（包括大小、形式、色彩、材质等因素）、空间分隔方式、洞口位置以及家具、设备的布置等内容，确定大致结构工艺，是这一阶段中供设计者本人记录并用来判断方案好坏的重要手段。这些最初的实验性的概念设计经过进一步的甄别、否定、修改和发展，最后只留下一种或几种可行的方案（图 2-24、图 2-25）。

2. 方案的拓展与修正

对于粗略拟定的设计方案，为进一步深化发展以及与业主沟通，需要室内设计师提供正确的方案设计文件，主要包括设计说明书和设计图纸。其中，设计说明书是设计方案的具体解说，主要涉及建筑空间的现状、相关设计规范依据、设计的总体构思、对功能问题的处理、平面布置中的相互关系、节点处理、技术措施等内容。设计图纸主要包括平面布置图、吊顶布置图、立面图、剖面图、节点详图以及三维空间透视图等。除此之外，还有造价估算和室内装饰材料实样（家具、灯具、陈设、设备等可用照片表示，其他如织物、石材、木材、墙纸、地毯、面砖等均宜采用小面积的实物）。

这一阶段的工作成果还可根据委托方需要，按要求装订成统一规格的文本，如 A3 或 A4 尺寸的文本。通常效果图及主要的平面图等图纸还可能装裱成较大幅面的版面，以供有关人员在会议或其他场合观看。

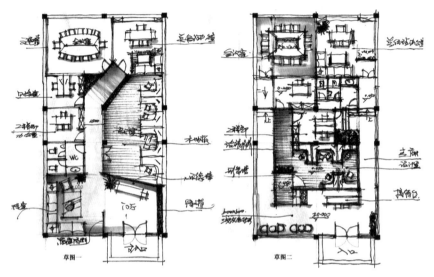

图 2-24 方案草图

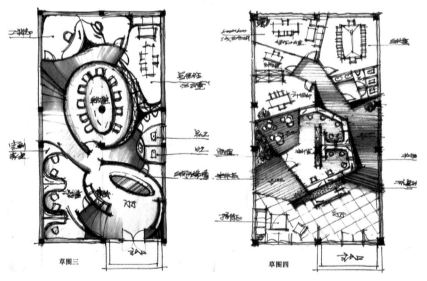

图 2-25 经过方案优选，最后留下一种或几种可行的方案

2.3.3 施工图绘制阶段

施工图是直接提供给施工企业按图施工的图纸，是工程项目施工、编制工程预算、安排材料和设备的重要依据。施工图绘制时必须与其他各专业进行充分的协调，综合解决各种技术问题，

向材料商与承包商提供准确的信息。施工图的绘制一般由设计单位完成，以此为依据再进行施工的招投标工作。

图纸绘制时必须按照国家有关规范（房屋建筑室内装饰装修制图标准，JGJ/T 244—2011）进行绘制，国家规范分别规定了制图规范和供图纸引用的图形标准及图示标准。图形标准包括图纸的大小、常用线型、字体、比例、标高、索引符号、图名编号、引出线的画法等，图示标准包括各种尺寸标注、材料标注、立面转折表示方式等。

施工图内容包括平面布置图、吊顶布置图、立面图、剖面图、节点详图、细部大样图、设备管线图、门窗表等（图2-26、图2-27）。设计师应该详细标明图纸中有关物体的尺寸、做法、用材、色彩、规格等，为施工操作、施工管理及工程预决算提供翔实依据。需要强调的是，在施工图设计中，除了一般室内设计空间界面装饰部分的内容外，还必须考虑给排水系统、强弱电系统、消防系统、空调系统等管线和设备的布局定位以及施工配套设计。完整的施工图纸必须包括上述各专业的施工图纸以及装饰配部件、五金门锁、卫生洁具、灯光音响、厨房设备等具体物件的详细文件资料。

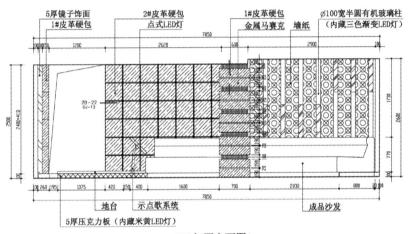

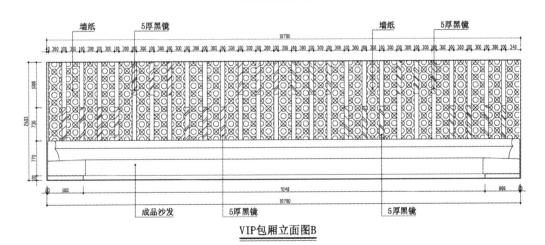

图2-26　施工图应详细标明设计物体的尺寸、做法、用材、色彩、规格等，
为施工操作、施工管理及工程预决算提供翔实依据

施工图与设计方案相比，特别注重图纸表达尺寸的精确和细节的详尽。尤其是一些特殊的节点和做法。一般要求以剖面详图的方式将重要的部位表示出来。因为详图是对装修细部的材料使用、安装结构和施工工艺进行的有效分析，需要按照设计要求详细表达局部的结构形状、连接方式、制作要求等。除了表示剖面详图外，在一些需要特别表示设计者意图或向施工方提供特殊造型的局部，设计常用较大的比例尺寸（如1∶10或更大的比例）详图来表示详尽的造型或做法的细节。

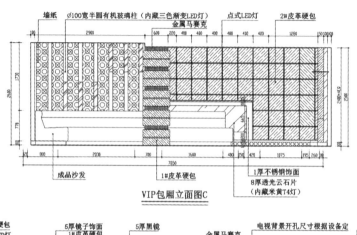

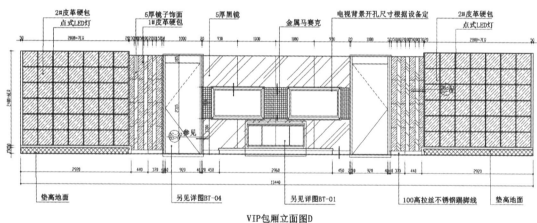

图 2-27 立面施工图画法

施工图的可行性、完整性和准确性应由专门人员进行相应的审查和审批，也就是出图时必须使用图签并加盖出图章。图签中应有工程负责人、专业负责人、设计人、校核人、审核人的签名。

施工图设计阶段还应提供施工图设计概预算。施工图设计概预算是指在施工图设计完成后、装修工程开工前，根据设计说明书和施工设计图纸计算的工程量、国家规定的现行预算定额、单位估价表、各项费用取费标准以及各种技术资料，确定工程费用的经济文件。

2.3.4 方案实施阶段

方案实施阶段也就是施工阶段，在此过程中，虽然大部分设计工作已经完成，项目也已经开始施工，但是设计师仍必须高度重视，否则将难以达到理想的效果。

这个阶段室内设计师的主要工作有：在施工前向施工人员解释设计意图，进行图纸的技术交底；在施工中根据工程进展情况，进行现场配合与指导，及时回答施工队提出的有关设计的问题；根据施工现场实际情况提供局部设计修改或补充要求（由设计单位出具修改通知书）；进行装饰材料等的选样工作，协助客户选择灯具、洁具等；施工结束时，会同质检部门与客户进行质量验收；施工完成以后，如有必要，还需协助客户选择家具和陈设品等。

在施工阶段，一般还应该有专门的监理单位承担工程监理的任务，对装修施工进行全面的监督与管理。以确保设计意图的实施，使施工按期、保质、保量、高效协调地进行。

总之，为了塑造一个理想的室内环境，使设计取得预期效果，室内设计师必须与客户、其他专业的工程师、管理部门、材料商、施工人员等充分合作，在设计意图和构思方面取得共识，在施工过程中密切配合，否则，难免出现问题，造成意想不到的损失。

2.3.5 方案评估阶段

当工程施工完成后，室内设计的过程其实并没有真正结束，室内设计效果的好坏还要经过同行专家和客户使用后的评价才能确定。这个阶段的目的在于了解是否达到预期的设计意图，以及客户对该工程的满意程度，是针对工程进行的总结性评价。很多设计方面的问题是在使用后才能够得以发现，这一过程不仅有利于客户和工程本身，同时也利于设计师本身为未来的设计和施工增加、积累经验或改进工作方法。

思考与练习

1. 室内设计的内容有哪些？

2. 室内设计的分类有哪些？其目的是什么？

3. 室内设计过程主要表达方式有哪些？它们之间的相互关系怎样？

4. 简述室内设计的程序与步骤。

设计任务指导书

1. 设计题目：空间形态体验

2. 作业目的

（1）通过学习和具体操作，了解并掌握设计的基本原则与具体造型手法；

（2）通过一定量的实例赏析和作业练习，初步建立并逐步提高学生的审美能力（包括对造型的感受能力和把握能力）、动手能力乃至创作能力；

（3）进一步理解并逐步掌握一般形式美的基本法则，并能运用到具体的作业训练中；

（4）初步掌握作品制作的基本方法与技巧。

3. 作业要求

（1）作品应符合构成原则与手法，并遵循一般形式美的基本法则；

（2）作品所用的材料不限，但应充分体现所用元素及材料的性格特点；

（3）尺寸不宜大于40cm×40cm×50cm（厚），作品总高度不超过50cm，颜色不多于两种；

（4）应对作品构思进行必要的分析说明。

4. 学时进度

（1）分组布置题目，开始正式作业的构思，要求完成方案构思草模，通过分析比较确定发展方案；

（2）进一步深入修改完善方案，并完成正式模型的制作；

（3）在A2图纸上绘制出模型的顶视图、前立面图、侧立面图、透视图；

（4）制作多媒体课件，由各小组组长代表讲解，并进行互评。

第 3 章

室内设计与相关学科

3.1 室内设计与建筑设计

室内设计与建筑设计从广义上来看都属于建筑学的范畴，建筑设计主要把握建筑的总体构思、创造建筑的外部形象和合理的空间关系，而室内设计主要关注于对特定的内部空间的功能问题、美学问题、心理效应问题的研究以及内部具体空间特色的创造。从这个意义来看，建筑是室内设计的载体，室内是建筑及其所处环境的不可分割的一个部分，这就意味着室内设计将不可避免地要与建筑艺术和建筑技术相联系。同时还可以看到建筑设计是室内设计的前提和依据，室内设计是建筑设计的延伸和深化。只有将两者相互结合、相互依托，才能保证设计的完整性和长久的生命力。

3.1.1 室内设计与建筑设计的关系

室内设计与建筑设计两者是一个不可分割的共同体，自始至终贯穿于设计的全过程，主要体现在以下 4 个方面。

1. 建筑设计应与室内设计同步进行

在室内设计中，有时为了弥补原建筑设计的缺陷或者为了满足新的功能需要，常常会对现有的建筑进行改造。有时即使是新建工程，由于建设思路和需求的变化，也同样会在室内设计时对建筑进行大量的修改，结果造成许多无谓的人力、物力、财力以及时间的消耗。因此，在建筑设计的前期工作阶段就应该充分考虑室内设计的定位，两者最好同时开始，同步进行，以尽量避免不必要的浪费。

2. 室内设计应以建筑设计为依托

室内设计不仅仅是对单纯的室内界面的美化，而是需要更多地强调室内与环境的关系，通过一系列的技术手段达到内外相承。在室内设计开始阶段，必须明确建筑设计思想和空间设计概念，认识原有建筑结构。通过对原有建筑空间形态、功能布局、构造技术以及相关的配套设施分析，对现有建筑整体成果和使用功能做进一步研究，确保室内设计工作顺利进行，使其达到室内设计与原有结构的完美统一（图 3-1）。如果在这个环节中，不能充分地使建筑设计与室内设计整体配合，就无法对内部环境的未来给予技术上的充分保障，会对后续的室内设计工作造成不利的影响。

图 3-1　室内设计与原有结构的完美统一

3. 室内设计是建筑功能的延伸和深化

室内设计开始时，对室内的合理的功能安排非常重要，即便是在已定功能用途的空间内，室内设计人员也要进行更为细致深入的功能研究，也就是大空间里面功能分区的问题。因此说功能的延伸是室内设计师很重要的任务。功能延伸更重要的一点是精神功能的延续，这个问题在建筑设计中是很难体会到的。在室内空间里，心态对一个人的影响是相当重要的过程。研究这个过程，就是研究人在空间里的心理感受，也就是精神上的功能要求（图 3-2）。

4. 室内设计是建筑文化的延伸和深化

建筑本身是一种文化，室内设计应当是最为集中的，最容易让人感悟的一种文化现象。一个好的室内设计应当是建筑文化的延伸、继续和发展。保持及原有建筑及周围环境整体风貌的协调，这样做的目的不是为了协调而协调，而是为了对共有地域特色文化的挖掘和利用，因而我们在手法上可以借鉴传统建筑的尺度、材质、色彩和装饰母题等，来形成统一和谐的视觉效果（图 3-3）。

图 3-2　通过楼上展品对人产生诱导

图 3-3　室内设计延续了建筑外形的设计风格

3.1.2　建筑设计对室内设计的影响

1. 建筑层高对室内设计的影响

在实际工程中，室内设计师经常遇到的难题是建筑的层高不够，由此导致一些室内空间吊顶造型无法实施而造成许多设计上的遗憾。由于室内设计对已竣工建筑的结构部分有不可更改性，所以室内设计在室内空间高度上往往受到严格限制。影响层高的主要因素如下。

（1）建筑结构占据的空间（以最大结构的尺寸为依据）；

（2）给排水管道、空调风管、各种电缆管线所占的空间；

（3）自动喷淋以及烟感自动报警器所占的空间；

（4）重要及特殊需要的吊顶上人检修所占的空间；

（5）地面铺装材料所占的高度。

以上这些结构设施往往是根据国家规范要求而设计的，这就要求室内设计师在进行设计时充分发挥创造力，对现有的建筑层高予以细致分析，尊重原有建筑设施，变不利条件为有利条件；同时又要根据室内设计的特点，对项目本身仔细思量，尽最大可能满足空间高度要求。

2. 建筑空间结构对室内设计的影响

一个好的室内设计的前提要有一个好的建筑构架，否则就会"巧妇难为无米之炊"。一些建筑师以牺牲室内空间为代价来获得所谓外部造型的"新颖别致"，由此对于室内空间的损坏往往是灾难性的，而且这种损坏往往是室内设计无法弥补的，最终将可能导致室内设计的失败。其主要表现在以下4个方面。

（1）柱网或承重墙不规整，一些公共空间出现狭窄的柱网和承重墙；

（2）平面空间怪异，空间使用率低下，室内交通路线过多；

（3）空间的整体品质差，室内空间形式平庸，与建筑外部空间造型没有连贯性；

（4）通风采光差，达不到应有的室内光环境效果。

3. 原建筑设计装饰材料的使用对室内设计的影响

在建筑施工中，往往对一些部位做初步装修，如卫生间地面、楼梯扶手、踢脚护板等。这些看起来是约定俗成的行为实际上对后续室内设计带来不少的问题。原有装饰材料白白被拆除，大部分成为废品，造成很大的浪费，而且给室内装修造成许多拆除的工作。因此，在建筑设计前期就要考虑到一些不人性化的、可能进行二次装修的空间和管线设备，从而在建筑施工中除必要的结构和设备外可不进行装修，转手由乙方自行设计、装修。总之，理想的设计程序是在建筑设计的阶段就应有室内设计师的参与。只有将建筑设计与室内设计看成是一个整体系统加以考虑，才不会为后来的工程留下隐患。

3.2 室内设计与人体工学

3.2.1 人体工学的概念、特点及其作用

人体工学，又称"人体工程学"，它是以人类心理学、解剖学和生理学为基础，综合多种学科研究人与环境的各种关系，使得生产器具、生活器具、工作环境、生活环境等与人体功能相适应的一门综合性学科。人体工学研究的是如何通过建立合理的尺度关系，来营建舒适、安全、健康、科学的生活环境。它也是应用人体测量学、人体力学、劳动生理学、劳动心理学等学科的研究方法，对人体结构特征和机能特征进行研究，提供人体各部分的尺寸、质量、体表面积、密度、重心以及人体各部分在活动时的相互关系和可及范围等人体结构特征参数。它还提供人体各部分的出力范围、活动范围、动作速度、动作频率、重心变化以及动作时的习惯等人体机能特征参数，分析人的视觉、听觉、触觉以及肤觉等感觉器官的机能特性，分析人在各种劳动时的生理变化、能量

消耗、疲劳机理以及人对各种劳动负荷的适应能力，探讨人在工作中影响心理状态的因素以及心理因素对工作效率的影响等。

人体工学的显著特点是，在认真研究人、机、环境三个要素本身特性的基础上，不单纯着眼于个别要素的优良与否，而是将使用"物"的人和所设计的"物"以及人与"物"所共处的环境作为一个系统来研究。在人体工学中，将这个系统称为"人、机、环境"系统（图 3-4）。这个系统中，人、机、环境三个要素之间相互作用、相互依存的关系决定着系统总体的性能。室内设计中的人机系统设计理论，就是科学地利用三个要素间的有机联系来寻求建筑与室内围合界面的最佳参数。

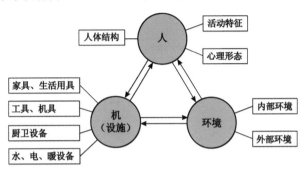

图 3-4　"人、机、环境"系统

从室内设计这一范畴来看，商业建筑空间、酒店建筑空间、办公建筑空间、居住建筑空间等各种空间设计中各种生产与生活所创造的"物"，在设计和构建时都必须把"人的因素"作为一个重要的条件来考虑。若将室内设计作为独特人文环境考虑，室内家具构造尺度关系不仅涉及生理学的层面，而且还兼顾心理学层面，需要符合美学及潮流的设计，也就是应以室内人性化的需求为主，在满足基本尺度关系的前提下，探寻更为美观舒适的空间。这些诸多因素除了美学及潮流的设计以外，主要还是依靠科学方法来确定室内空间尺度、形体、陈设等方面的具体形态与数值关系（图 3-5）。人体工学的主要作用表现在以下 4 个方面。

图 3-5　科学而又人性化的家具设计

1. 为室内空间范围大小提供依据

人的活动范围以及家具设备的数量和尺寸是影响室内空间大小、形状的主要因素之一。因此，在确定室内空间范围时，必须搞清使用这个空间的人数，每个人需要多大的活动面积，空间内有哪些家具设备，以及它们各自所占用的空间面积有多少等。

2. 为室内空间家具设计提供依据

室内空间家具设施使用的频率很高，与人体的关系十分密切，因此它们的形体、尺度必须以人体尺度为主要依据；同时，为了便于人们使用这些家具和设施，必须在其周围留有充分的活动空间和使用余地，这些都与人体工学有密切的关系（图 3-6、图 3-7）。因此，在室内空间中进行家具设计必须以人体工学作为指导，并尽可能使家具设计与选择能够符合人体的基本尺寸和从事各种活动需要的尺寸。

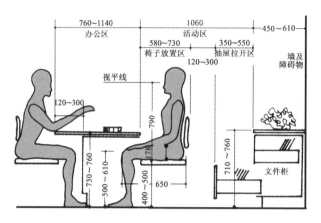

图 3-6　普通办公区人体尺寸

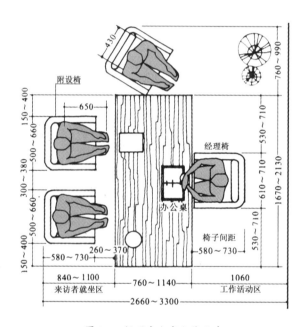

图 3-7　经理办公室人体尺寸

3. 为确定人在室内空间中的感官适应提供依据

人的感觉器官在什么情况下能够感觉到刺激物，什么样的刺激物是可以接受的，什么样的刺激物是不能接受的，这也是人体工学需要研究的一个重要课题。而人的感觉能力是有差别的，从这个问题出发，人体工学既要研究人在感觉能力方面的规律，又要研究不同年龄、不同性别的人在感觉能力方面的差异。

4. 为室内视觉环境设计提供科学依据

室内视觉环境是室内设计领域的一项十分重要的内容，人们对室内环境的感知在很大程度上是依靠视觉来完成的。人眼的视力、视野、光觉、色觉是视觉的几项基本要素，人体工程学通过一定的实验方法测量得到的数据，对室内照明设计、室内色彩设计、视野有效范围、视觉最佳区域的确定提供了科学的依据（图3-8）。

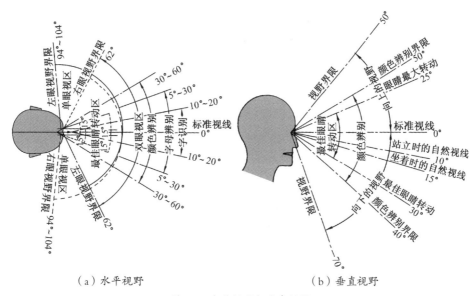

（a）水平视野　　　　　　　　　　　　　（b）垂直视野

图 3-8　水平视野与垂直视野

3.2.2　人体尺度的测量及其应用

由于人在室内的生活行为多种多样，所以人体的作业行为和姿势也是千姿百态的，如写字、睡眠、谈话、休息、行走等，如果将这些行为进行归纳和分类，可以推理出许多规律性的东西来。人的行为与动态可以分为立、坐、仰、卧四种类型的姿势，各种姿势都有一定的活动范围和尺度。为了便于掌握和熟悉室内设计的尺度，这里通过人体测量对人体尺度加以分析和研究。

1. 人体的基本尺度

众所周知，不同国家、不同地区人体的平均尺度是不同的，尤其是我国幅员辽阔、人口众多，很难找出一个标准的中国人尺度来，所以我们只能选择我国中等人体地区的人体平均尺度加以介绍（图 3-9）。为便于针对不同地区的情况，这里还列出了一个我国典型的不同地区人体各部位平均尺度，以此为依据对人体进行研究与探索。

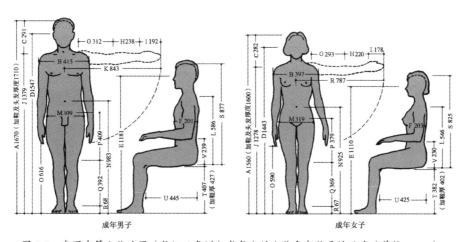

图 3-9　我国中等人体地区（长江三角洲）成年人的人体各部位平均尺度（单位：mm）

1988 年我国标准化与信息化分类编码研究所正式颁布的资料显示，我国中等人体地区成年男子平均身高为 1670mm，成年女子为 1560mm。如果按全国成年人高度的平均值计算，中国人的身高在国际上属于中等高度。不同地区成年人人体各部位平均尺寸如表 3-1 和表 3-2 所示。

表 3-1　不同地区成年人人体各部位平均尺寸（单位：mm）

序号	部　位	较高人体地区 （冀、鲁、辽）		中等人体地区 （长江三角洲）		较低人体地区 （四川）	
		男	女	男	女	男	女
A	身高	1690	1580	1670	1560	1630	1530
B	最大肩宽	420	387	415	397	414	386
C	肩峰至头顶高度	293	285	291	282	285	269
D	立正时眼的高度	1573	1474	1547	1443	1512	1420
E	正坐时眼的高度	1203	1140	1181	1110	1144	1078
F	胸厚	200	200	201	203	205	220
G	上臂长度	308	291	312	293	307	298
H	前臂长度	238	220	238	220	245	220
I	手长度	196	184	192	178	190	178
J	肩高	1397	1295	1379	1278	1345	1261
K	1/2 上肢展开全长	867	795	843	787	848	791
L	上身高度	600	561	586	546	565	524
M	臀部宽度	307	307	309	319	311	320
N	肚脐高度	992	948	983	925	980	920
O	指尖至地面高度	633	612	616	590	600	575
P	上腿长度	415	395	409	379	403	378
Q	下腿长度	397	373	392	369	391	365
R	脚高度	68	63	68	67	67	65
S	坐高	893	846	877	825	850	793
T	腓骨头的高度	414	390	407	382	402	382
U	大腿水平长度	450	435	445	425	443	422
V	肘下尺寸	243	240	239	230	220	216

表 3-2　成年人人体各部位尺度与身高的比例（按中等人体地区）（单位：%）

部　位	百分比	
	男	女
两臂展开长度与身高之比	102.0	121.0
肩峰至头顶高与身高之比	17.6	17.9

续表

部　位	百分比	
	男	女
上肢长度与身高之比	44.2	44.4
下肢长度与身高之比	52.3	52.0
上臂长度与身高之比	18.9	18.8
前臂长度与身高之比	14.3	14.1
大腿长度与身高之比	24.6	24.2
小腿长度与身高之比	23.5	23.4
坐高与身高之比	52.8	52.8

2. 人体基本动作的尺度

人体活动的姿态和动作是无法计数的,但是在室内设计中我们只要控制了它主要的基本动作,就可以作为设计的依据了(图 3-10)。如遇到特殊情况可按实际需要适当增减加以修正。

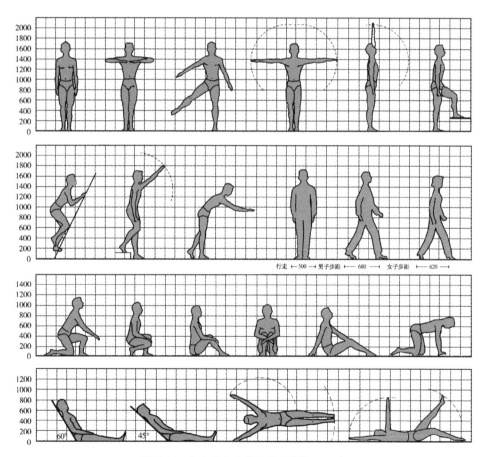

图 3-10　人体基本动作尺度(单位:mm)

3. 人体活动所占的空间尺度

这是指人体在室内环境的各种活动所占的基本空间尺度，如坐着开会、拿取东西、办公、弹钢琴、擦地、穿衣、厨房操作、卫生间中的动作和其他动作等（图 3-11）。

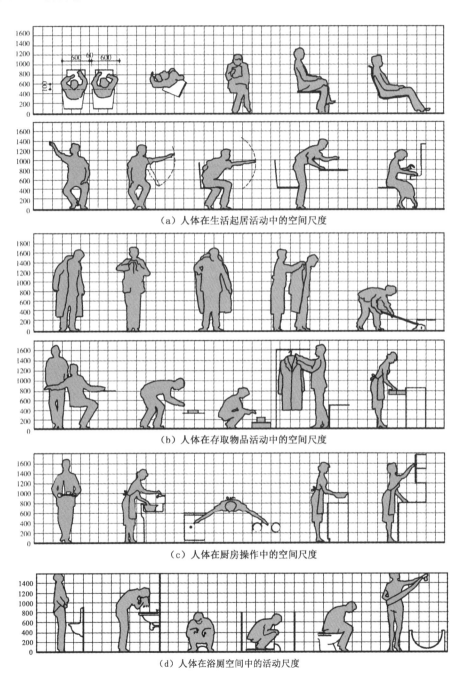

（a）人体在生活起居活动中的空间尺度

（b）人体在存取物品活动中的空间尺度

（c）人体在厨房操作中的空间尺度

（d）人体在浴厕空间中的活动尺度

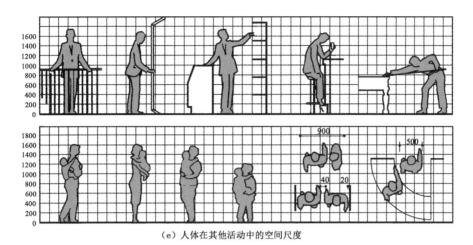

（e）人体在其他活动中的空间尺度

图 3-11　人体活动所占的空间尺度（单位：mm）

4. 立的人体尺度

立的人体尺度主要包括通行、收取、操作等三个基本内容。这些数据是根据日本、美国资料的平均值标定的，可作为我们进行室内设计时的参考资料（图 3-12）。因为日本人体平均标准与美国人体平均标准的平均值同我国人体平均标准是基本相同的，这样使用起来是不会有多少出入的。

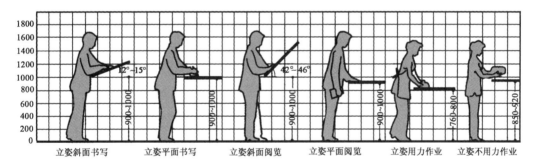

图 3-12　人体站立尺度（单位：mm）

5. 坐的人体尺度

人坐着的行为状态是室内设计中很多的或者说是大量存在的现实，因此研究坐的人体工学就显得十分重要。这里主要涉及高度、压力分布、范围和角度等方面的问题（图 3-13）。

6. 卧的人体尺度

躺卧行为是人类活动最为普遍、最为现实的现象。与其有关系的家具尺度、质地和人的直观印象、感觉有很大关系，如市场出售软弹簧的睡垫，人们往往认为越软越合适，其实这是一种误解。因为越软的睡垫人陷得越深，几乎身体的大部分都要接触并承受垫子的压力，而没有转换休息的余地。实验证明，健康的人睡觉一夜要翻身 20 ～ 40 次，因此不同材料质地的睡垫由于软硬程度不同，对人体的睡眠影响也就不同。另外，人的睡眠最佳姿势是仰卧时背部与尾骨之间呈直线关系，这时腰部与睡床之间的距离是 3cm。而直立时后背与尾骨之间的直线与腰部距离是 4 ～ 6cm（图 3-14）。

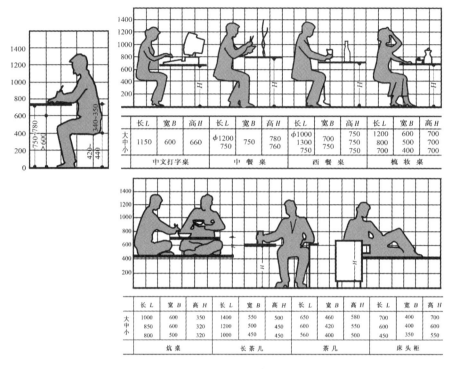

图 3-13　人体坐姿尺度（单位：mm）

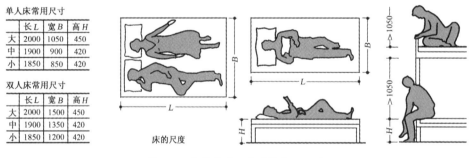

图 3-14　人体躺卧尺度（单位：mm）

3.3　室内设计与环境心理学

3.3.1　环境心理学及其研究内容

环境心理学（Environmental Psychology）是研究环境与人的行为之间相互关系的学科，它着重从心理学和行为的角度探讨人与环境的最优化，即怎样的环境是最符合人们心愿的。

环境心理学是一门新兴的综合性学科，于 20 世纪 60 年代末在北美兴起，此后，先在英语区，后在全欧洲以及世界各地迅速传播和发展。它研究的内容涉及多门学科，如医学、心理学、社会学、人类学、生态学及城市规划学、建筑学、室内环境学等诸多学科。

环境心理学非常重视生活于人工环境中人们的心理倾向，把选择环境与创建环境相结合，着重研究下列问题。

（1）环境和行为的关系；

（2）怎样进行环境的认知；

（3）环境和空间的利用；

（4）怎样体验和评价环境；

（5）在特定环境中人的行为和感觉。

对室内设计来说，室内空间就是因人的需要而设立的，它满足了人多方面的需求，同时也构成了对人行为的规范限定，使人产生不同的感受。研究环境心理学的目的就是研究如何组织空间，设计好界面、色彩和光照，处理好室内环境，使之符合人们的心愿。

3.3.2　室内空间中人的心理与行为

人在室内环境中，其心理与行为尽管有个体之间的差异，但从总体上分析仍然具有共性，仍然具有以相同或类似的方式做出反应的特点，这也正是我们进行设计的基础。

下面列举 6 项室内环境中人们的心理与行为方面的情况。

1. 领域性与人际距离

领域性原是动物在环境中为取得食物、繁衍生息等的一种适应生存的行为方式。人与动物毕竟在语言表达、理性思考、意志决策与社会性等方面有本质的区别，但人在室内环境中的生活、生产活动，也总是力求其活动不被外界干扰或妨碍。不同的活动有其必须的生理和心理范围与领域，人们不希望轻易地被外来的人与物（指非本人意愿、非从事活动必须参与的人与物）所打破。

室内环境中个人空间常需与人际交流、接触时所需的距离通盘考虑。人际接触实际上根据不同的接触对象、不同的场合，距离上也各有差异。霍尔（E.Hall）以动物的环境和行为的研究经验为基础，提出了人际距离的概念，根据人际关系的密切程度、行为特征确定人际距离，即分为密切距离、个体距离、社会距离、公众距离。每类距离中，根据不同的行为性质再分为近区与远区，例如在密切距离（0 ~ 45cm）中，亲密、对对方有嗅觉和辐射热感觉为近区（0 ~ 15cm）；可与对方接触握手为远区（15 ~ 45cm），如表 3-3 所示。当然对于不同民族、宗教信仰、性别、职业和文化程度等因素，人际距离也会有所不同。

表 3-3　人际距离与行为特征（单位：cm）

人际距离	行为特征
密切距离 （0 ~ 45）	近区 0 ~ 15，亲密、嗅觉、辐射热有感觉
	远区 15 ~ 45，可与对方接触握手
个体距离 （45 ~ 120）	近区 45 ~ 75，促膝交谈，仍可与对方接触
	远区 75 ~ 120，清楚地看到细微表情的交谈
社会距离 （120 ~ 360）	近区 120 ~ 210，社会交往，同事相处
	远区 210 ~ 360，交往不密切的社会距离
公众距离 （> 360）	近区 360 ~ 750，自然语音的讲课，小型报告会
	远区 > 750，借助姿势和扩音器的讲演

领域性与人际距离就好像看不见的气泡一样，它实质是一个虚空间。人在室内进行各种活动时，总是力求其活动不被外界干扰和妨碍，这一点可以有许多例子来证明。例如在酒吧的吧台前，互相不认识的人们总是先选择相间隔的位置，后来的人因为没有其他选择，才会去填补空出的位置；公共汽车上，先上来的人总是先占据中间双排座位其中靠窗的座位，很少有人去坐靠走廊的座位或与陌生人并肩而坐。另外，不同的活动，不同的对象，不同的场合，都会对人与人之间的距离远近产生影响。因此，室内空间的尺度、内部的空间分隔、家具布置、座位排列等方面都要考虑领域性和人际距离因素。

2. 私密性与尽端趋向

如果说领域性主要在于空间范围，则私密性更涉及在相应空间范围内包括视线、声音等方面的隔绝要求。私密性在居住类室内空间中的要求更为突出。人口多的家庭卧室一般都比较封闭，以保证私密性；在办公空间中，即使采用景观办公的方式，部门负责人的办公室一般也都要单独封闭起来，尽管有时为了监督工作的需要，采用局部透明的隔断，但声音的隔绝是非常必要的。在一些公共场合，虽然私密性的要求不高，人们仍旧希望自己小团体的活动能够相对独立，不被陌生人打扰，餐厅的雅座、包房便是基于这一点应运而生的。即便在餐饮建筑的大堂空间里，靠近窗户的带有隔断的位置总是被人先占满（图3-15），因此，如果牺牲一些面积而在餐桌之间多做一些隔断，将会大大提高上座率。此外，人们常常还有一些尽端趋向。仍以餐厅为例，人们对于就餐座位的选择，经常不愿意在门口处或人流来往频繁的通道处就座，而喜欢带有尽端性质的座位（图3-16）。

图3-15　靠近窗户的带有隔断的位置总是被人先占满

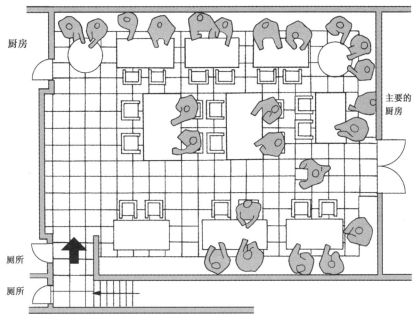

10个或更多的人在两天观察期内都坐在指定的座位上

图 3-16 带有尽端性质的座位往往成为人们就餐时的首要选择

3. 安全感与依托感

人类的下意识总有一种对安全感的需要，例如在悬挑长度过大的雨篷下，尽管人们知道它不会掉下来，却也不愿在其下久留。另外，从人的心理感受来讲，室内空间也不是越大、越宽阔越好，空间过大会使人觉得很难适应，而感到无所适从。通常在这种大空间中，人们更愿意有可供依托的物体。例如在建筑的门厅空间中，虽然空间很大，但人们多半不会在其间均匀分布，而是相对集中地散落在有能够依靠的边界的地方（图 3-17）；在地铁车站也是同样，当车没来时，候车的人们并不是占据所有的空位置，而是愿意待在柱子周围，适当与人流通道保持距离，尽管他们没有阻碍交通。人类的这种心理特点反映在空间中被称为边界效应，它对建筑空间的分隔、空间组织、室内布置等方面都有参考价值。

4. 从众与趋光心理

从一些公共场所（商场、车站等）内发生的非常事故中观察到，紧急情况时人们往往会

图 3-17 大空间人们多会选在能够依靠的边界的地方聚集

盲目跟从人群中领头几个急速跑动的人的去向，不管其去向是否是安全疏散口。当火警或烟雾开始弥漫时，人们无心注视标志及文字的内容，甚至对此缺乏信赖，往往是更为直觉地跟着领头的几个人跑动，以致成为整个人群的流向。同时，人们在室内空间中流动时，具有从暗处往较明亮处流动的趋向，紧急情况时语言的引导会优于文字的引导（图 3-18）。

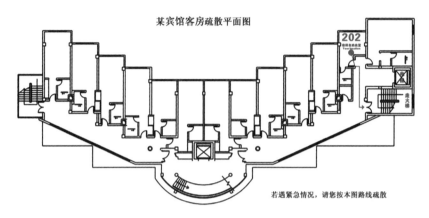

图 3-18　某宾馆客房安全疏散路线示意图

这种心理和行为现象提示设计者在创造公共场所室内环境时，首先应注意空间与照明等的导向，标志与文字的引导固然也很重要，但从紧急情况时的心理与行为来看，对空间、照明、音响等需予以高度重视。

5. 求新与求异心理

人们对于经常见到的或特征不明显的事物往往习以为常，而难以引起兴趣；相反，如果某件事物较为稀罕或特征鲜明，就极易引起人们的注意，这种现象反映了人们的求新和求异心理。格式塔心理学的研究成果表明，较复杂、破损、扭曲的图形，往往具有更大的刺激性和吸引力，它可唤起人们更大的好奇。因此人们总是喜欢新鲜的事物，对其有一种探究的心理。对于一些商业空间来说，就要针对人们的这种求新与求异心理，力求在空间形式上如造型、色彩、灯光和内部空间特色等方面有所创新，从而显示出与众不同的个性，以吸引人们去光顾购物（图 3-19 ~ 图 3-21）。

图 3-19　重庆 SND 时装店概念设计草图

图 3-20　用纤薄的白色半透明纤维玻璃材料做出一种富有弹性的天花板，加上隐藏在内部的灯光营造的光反射效果，使吊顶本身就成为一处亮丽和独特的风景线，美丽而又空灵

图 3-21　通过别致的吊顶，从而显示出与众不同的空间个性，吸引顾客在店内徜徉、购物

6. 交往与联系的需求

人不只有私密性的需求，还有交往与联系的需要。因为人是一种社会性的动物，人与人之间需要交往与联系，完全封闭自我的人心态是不会健康的。社会特征会给人带来新的审美观念，如今的时代是信息的时代，更需要人们相互之间的交往与联系，在沟通与了解中不断完善自我（图 3-22）。

图 3-22　通过一个搭建的空间，使人们在办公间隙得到放松和交流

图3-23　在一个相对开放的空间中，人们相互之间的沟通与
　　　　交流会更加放松

人际交往的需要对建筑空间提出了一定的要求，要做到人与人相互了解，则空间必须是相对开放的、互相连通的，人们可以走来走去，但又各自有自己的空间范围，也就是既分又合的状态（图3-23）。美国著名建筑师约翰·波特曼的"共享空间"，就是针对人们的交往心理需求而提出的空间理论。

3.3.3　环境心理学在室内设计中的应用

环境心理学在室内设计中的应用面很广，随着相关研究与实践的不断深入，还会不断增加新的内容，这里列举下述3点。

1. 室内设计应符合人们的行为模式和心理特征

不同类型的室内设计应该针对人们在该环境中的行为活动特点和心理需求，进行合理的构思，以适合人的行为和心理需求。例如现代大型商场的室内设计，考虑到顾客的消费行为已从单一的购物，发展为购物—游览—休闲（包括饮食）—娱乐—信息（获得商品的新信息）—服务（问讯、兑币、送货、邮寄……）等综合行为，人们在购物时要求尽可能接近商品，亲手挑选比较（图3-24）。因此，自选及开架布局的商场应运而生，而且还结合了咖啡吧、快餐厅、游戏厅甚至电影院等各种各样的功能。

图3-24　将服装设置在过道两侧，以便顾客尽可能
　　　　接近商品，方便挑选

2. 环境认知模式和心理行为模式对组织室内空间的提示

人们依靠感觉器官从环境中接受初始刺激，再由大脑作出相应行为反应的判断，并且对环境作出评价。因此，可以说人们对环境的认知是由感觉器官和大脑一起完成的。对人们认知环境模式的了解，结合对前文所述心理行为模式种种表现的理解，能够使设计者在组织空间、确定其尺度范围和形状、选择其光照和色彩的时候，拥有比通常单纯从使用功能、人体尺度等起始的设计

依据更为深刻的提示（图 3-25）。

3. 室内设计应考虑使用者的个性与环境的相互关系

环境心理学既从总体上肯定人们对外界环境的认知有相同或类似的反应，同时又十分重视作为环境使用者的个人对环境设计提出的特殊要求，提倡充分理解使用者的行为、个性，在塑造具体环境时对此予以充分尊重。另外，也要注意环境对人的行为的引导、个性的影响，甚至一定程度意义上的制约，在设计中根据实际需要掌握合理的分寸（图 3-26、图 3-27）。

图 3-25　特殊的空间形状、光照和色彩使人们身在其中感受到环境带来的愉悦

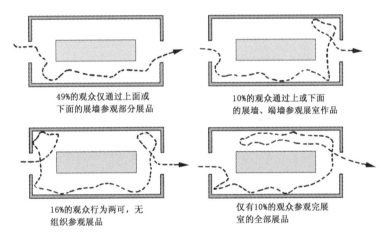

49%的观众仅通过上面或下面的展墙参观部分展品

10%的观众通过上或下面的展墙、端墙参观展室作品

16%的观众行为两可，无组织参观展品

仅有10%的观众参观完展室的全部展品

图 3-26　通过人们在展厅的动向分析，注意环境对人的行为的引导

图 3-27　在展厅设计中，合理的参观流线是影响人们认知环境的重要前提

3.4 室内空间与生态设计

3.4.1 生态设计的概念

生态学是 1869 年由德国学者海格尔提出的一门关于研究有机体与环境之间相互关系的科学。生态学的核心是生态系统学，它具有整体性与联系性的特点。目前，有关生态学的研究已从传统的动植物生态扩展到人与环境之间相互关系的研究。20 世纪 60 年代以后，生态学迅猛发展并向其他科学进行渗透，逐渐成为一门综合性的科学。生态设计也称绿色设计或环境设计，是将环境因素纳入设计之中，从而帮助确定设计的决策方向。生态设计活动主要包括两方面的含义，一是从保护环境角度考虑，减少资源消耗、实现可持续发展；二是从商业角度考虑，降低成本、减少潜在的责任风险，以提高竞争能力。

就营造结合自然并具有良好的生态循环的室内环境而言，设计时要求以最大限度地减少环境污染为原则，特别注意与自然环境的结合和协作，善于因地制宜、因势利导地利用一切可以运用的因素和高效地利用自然资源，减少人工层次而注意室内自然环境设计。

3.4.2 室内生态设计的原则

从本质上讲，生态设计是一种生态伦理观和生态美学观共同驾驭的生态建筑发展观。实践中的室内生态设计应当遵循以下 4 条原则。

1. 尊重自然的原则

尊重自然是生态设计的根本，是一种环境共生意识的体现。进行室内设计前，首先对场地进行勘察研究，它包括建筑物的朝向、定位、布局、地形地势、场地气候条件影响等综合性研究；其次是对可再生能源的利用，在设计中尽可能地利用可再生能源，如自然采光、通风、太阳能的利用、天然能源的利用；最后是利用当地的技术、材料，以降低生产成本，保证所用材料是"绿色"环保的材料，无污染、易降解、可再生。

2. 建立使用者与自然环境沟通的原则

室内空间作为联系使用者与自然环境的桥梁，应尽可能地将自然元素引用到使用者身边，这也是生态设计的一个重要体现。在这里，室内空间不再是冷漠与远离自然的代名词，它将给人们生活带来崭新的内容：新鲜的空气来自树林与花园，光线来自盘古的太阳，人们耳中听到的只是鸟儿的啼鸣和泉水叮咚。在这样的环境中生活与工作，会使人们更加身心愉快、精力充沛，更加地充满活力。

3. 集约化原则

生态设计包含着资源节约的经济原则。新时期的规划和设计应当从传统的粗放型转向高效的集约型创作道路。集约化包括两项基本内容：其一，是对高效空间的追求。在合理利用室内空间环境的同时，应当充分开展室内空间的研究，使被围合的空间与室外环境形成一个有机协调的发展的立体网络。其二，是空间节能和生态平衡，减少各种资源和材料的消耗，提倡"3R"原则，即减少使用（Reduce）、重复使用（Reuse）和循环利用（Recycle）。

4. 注重本土化原则

任何室内设计的项目，都必须建立在特定的地方条件的分析和评价的基础上，其中包括地域气候特征、地理因素、延续地方文化和风俗，充分利用地方材料，并从中探索利用现代高新技术与地方适用技术的结合。

3.4.3 室内生态设计的方法

室内生态设计的主要目的是改善人们的居住环境，增强人们与大自然的联系，并降低能耗，消除污染。依据其目的可将现代室内生态设计的方法归结为以下 4 个方面。

1. 尽可能利用可再生能源

目前应用于室内空间中的可再生能源有太阳能、风能、地热能等，其中以太阳能的利用最为广泛，技术也最为成熟。自古以来我们的祖先在修建房屋时就知道利用太阳的光和热。在我国北方大部分地区，无论是庙宇、宫殿还是官邸民宅，大都南北向布置，北、东、西三面围以厚墙以加强保温，南立面则满开棂花门窗以增强采光和获热。这种建造方式完全符合太阳能采暖的基本原理，可以说是最原始最朴素的太阳能利用。近年来，由于现代建筑能耗越来越高，世界各国都将在建筑中运用太阳能的研究推向更高阶段。目前太阳能在建筑中的应用主要包括采暖、降温、干燥以及提供生活热水和生产用的电力等。

2. 尽可能多地获得自然采光

屋顶是光线进入室内的主要途径，于是各种用于光线收集、反射的构件被应用于屋顶形式。如福斯特设计的柏林国会大厦改建的穹顶就是一个新型的采光装置（图 3-28）。中庭是建筑中光线进入的主要通道，在生态性的室内空间中可以看到大量采光中庭。阳光由中庭渗入建筑，通过阳光收集、反射装置达到内部空间，与这个开敞空间相连的房间不仅可以减少一半的热量流失，同时减少制冷消耗。

图 3-28 福斯特设计的柏林国会大厦内景

3. 选择"无污染"的环保材料

材料的选用必须符合生态环境及对人体没有损害"无污染"的标准。室内设计中的各种构思往往通过材料的运用来完成。可用在室内环境中的材料很多，如石材、木材、金属、玻璃和人造饰面材料等，这些材料的多样性为我们设计思路提供了新的来源。设计时应突出重点，充分发挥材料在环境中应有的作用。除此之外，我们还要更多地考虑材料本身的因素。如选用花岗岩、大理石、瓷砖、涂料等材料，就要看这些产品是否具有国家认证环境质量标准，以避免有害物质对人身体的伤害，做到防患于未然。

图 3-29　绿植的介入有利于帮助人们在紧张的状态下得到适当的放松

图 3-30　在办公环境中设置绿植，可以改善人们对紧张工作造成压抑的心理因素，还可以帮助人的思维敏捷能力的提高

4. 对绿色植物的利用

用绿色植物布置环境是创造生态环境的有效手段。据测试，绿色在人的视野中达到20％时，人的精神感觉最为舒适，对人体健康有利。在夏季，室内布置一定面积的绿化，通过蒸发作用使室内气温低于一般建筑室内气温，可以通过光合作用释放大量氧气并吸收空气中的二氧化碳，同时清除室内的甲醛、苯和空气中残留的有霉细菌等对人体有害的物质，从而提高室内环境的空气质量。绿色植物还可以降低太阳辐射，它可以通过叶片的吸收和反射作用降低燥热。据专家研究，叶片吸收40％的热量通过周围通风散失，42％的吸收热量通过蒸腾作用散失，其余的通过长波辐射传给环境。此外，绿植的介入还有利于帮助人们在紧张的状态下得到适当的放松，改善人们对紧张工作造成压抑的心理因素，帮助人的思维敏捷能力的提高（图 3-29、图 3-30）。例如，日本 PASONA 东京总部近年在办公区内种植大量绿色植物，绿化后的工作环境不仅提升了员工的工作效率，舒解了精神压力，而且还打造了体验农业、维持员工健康

以及与生态共融的工作空间。从这个角度上来讲，绿化应是永久扎根的存在体，也是思及生态本质，甚至食物供给的重要行为（图 3-31、图 3-32）。

图 3-31　日本 PASONA 东京总部

图 3-32　通过室内绿色植物种植，达到了体验农业、维持员工健康以及食物供给的目的

思考与练习

1. 建筑设计对室内设计有什么重要影响？

2. 什么是人体工学？人体工学对室内设计的影响有哪些？

3. 论述人的心理需求与室内空间的关系。

4. 室内环境中人们的心理与行为对空间设计有什么影响？

5. 简述现代室内生态设计的原则和设计方法。

1. 设计题目：家具尺度测量

2. 作业目的

家具测量工作有利于设计师了解人体工学与室内设计的关系，有利于设计师更好地对家具尺度进行定量分析，有利于房间整体布局，测量数据还会影响后期家具的搬运、进户和安装。学习室内设计一开始就要学习家具测量，掌握家具尺度的一些有关数据，为后期专业学习打下坚实的基础。

3. 测量注意事项

（1）对某些活动家具的尺寸进行测量，注意其尺度大小和室内空间的关系，认识活动家具的基本尺寸。

（2）对某些固定家具的尺寸进行测量，尤其要注意它的尺度大小对整体空间的布局影响。

（3）在开始测量前，必须明确所测量家具的位置及类型。如靠窗台的橱柜，应先测量窗台的高度，窗台台面材料的伸出大小，是否会影响柜体的整体效果。

（4）对客户提出的有效意见要进行记录、整理，同时也可给客户提供可行性、专业性建议。如衣柜大体高度和宽度、门开启方式和门类型、衣柜内部大致要求等。

（5）尺寸标准应统一用毫米，不允许其他单位。标注应清晰、明确（可从多个角度表示），必要时可用文字注释。

（6）对房间的整体尺寸应全面测量，因为客户有可能会更改家具在房间中的放置位置。

4. 作业要求

（1）测量周围20种与自己经常发生联系的家具尺寸或者建筑室内构件尺寸；

（2）绘制家具所在位置（房间）的平面图，明确其尺寸；

（3）绘制家具所在的正立面图；

（4）绘制家具所在的侧立面图；

（5）挑选5种家具画出其透视图；

（6）采用A2图幅，比例自定。

第 4 章

室内空间设计

4.1 室内空间设计的形式语言

形式语言是设计师对自然和生活的提炼与抽象，是对其内在规律性的把握，这种规律反映出一定的结构秩序的意蕴之美。室内设计的形式语言是创造室内美感形式的基本法则，也是设计艺术原理在室内设计上的直接应用。从本质上来说，艺术原理乃是许多美学家长期对于自然的、人为的美感现象加以分析和归纳而获得的共同结论，它足以作为解释和创造美感形式的主要依据。

从表现媒介的角度来看，室内空间设计是通过空间、造型、色彩、光线和材质等要素所形成的完美组织与共同创造的一个整体。显然这个富于表现性的整体，除了必须合乎生活机能的要求以外，还要以追求审美价值为最高目标。然而，由于审美的标准含有浓厚的主观性，所以只有充分把握共同的视觉条件和心理因素，才足以衡量相对客观的审美价值。

4.1.1 点、线、面、体的特质

室内空间形象和视觉效果是由形创造的。人们通常将形分为点、线、面、体四种基本状态。在现实空间中，几乎一切可见的物体都是三维的。因此，这四种基本形态的区分也不是固定不变的，而是取决于一定的视野、一定的观察点和它们自身的长宽高尺度与比例以及与周围其他物体的比例关系等因素。通过把握这四种基本形态的特征和美学规律，能帮助我们在室内空间造型设计中有序地组织各种造型元素，创造良好的室内空间形象。

图4-1 吊灯可视为空间中的点，具有标明位置或使人的视线集中的作用

1. 点

点可以被看作是一切形态的开始，点的集聚还会形成线、面、体块。在室内设计中，较小的形都可以视为点。例如，一幅小画在一块大墙面上或一个家具在一个大房间中都可以视为点。尽管点的面积或体积很小，但它在空间中的作用却不可小视，点在室内环境中起到的最明显的作用是标明位置或使人的视线集中（图4-1）。当点处于环境的中心，则呈现稳定、静止状态；若偏离中心，就会富于动势，产生视觉上的变化。点的秩序排列具有规则、稳定感；无序排列则会产生复杂、运动感。通过点的大小、配置的疏密、构图中的位置等因素，还会在平面上造成运动感、深度感以及带来凹凸变化（图4-2）。

2. 线

线是点运动的轨迹。当点排成一列时，则出现线的感觉，形成了点的线化。当线超过一定宽度时会减弱线的感觉，而逐渐具有面的特征。线在视觉中可表明长度、方向、运动等概念，有助于显示紧张、轻快、弹性等表情（图4-3）。

室内空间中作为线的视觉现象很多，有些是实

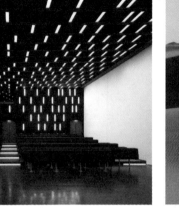

图 4-2　通过点的大小、疏密排列，空间具有深度感　　　图 4-3　沙漠的起伏、运动变化很具有线的特征

线（如柱子、悬索等受力构件以及形体的线脚、外轮廓等），有些则为虚线（如拉宽的凹槽、带形窗）。线所表达出的种种情感、气势和力量，有助于室内空间风格、个性的形成，这有赖于它在长度、宽度、曲直以及方向的变化。粗线厚重、坚实有力；细线精致、细腻、敏锐；直线的使用会使人感到简洁规整、锐利紧张、坚定明确（图 4-4）；曲线会使空间趋于丰富和变化，会产生优雅动感、柔软亲切的情感；螺旋线有升腾感和生长感；圆弧线则规整稳定，有向心的力量感。线条在方向上有水平、垂直和倾斜三种，不同方向，会带来不同的视觉及心理感受。水平、垂直线呈静止状态，垂直线崇高、庄重，水平线安定、平和，斜线却因为似乎总要向水平或垂直方向靠拢而产生运动、

图 4-4　空间中的直线精致、细腻，会使人感到简洁规整、锐利紧张

图4-5　斜线因为似乎总要向水平或垂直方向靠拢而
产生运动、紧张感

紧张感（图4-5）。线的密集还会形成半透明特征的面或体块，呈现出空灵、轻巧的体态特征，同时会带来韵律、节奏感（图4-6）；线可用来加强或削弱物体的形状特征，从而改变或影响它们的比例关系；在物体表面通过线条的重复组织还会形成种种图案和肌理（图4-7）。

3.面

从几何学上讲，线移动形成的轨迹形成了面。面具有二维的形体特征，由于长、宽远远大于其厚度，通常会具有轻盈的表情。室内空间中的面常出现在墙面、地面、吊顶以及门窗、楼梯、家具等处，既可能本身就是呈片状的物体，

图4-6　密集的线会给空间带来韵律、节奏感

图4-7　在物体表面通过线条的重复组织还会
形成种种图案和肌理

也可能是存在于各种体块的表面。面是建筑中分隔、限定空间的积极要素，其虚实的变化会影响到它对空间的限定程度。

作为实体与空间的交界面，面的表情、性格对空间环境影响很大，构成了建筑的形态。面的特性显现于其外轮廓和在三维空间中的伸展关系，并与线的特性有直接联系。当代以方盒子造型为主的室内空间中，直面最为常见，单纯、严肃，但也应留意其刻板、生硬的缺点；曲面的使用可以是水平方向的（如弯曲墙面），也可以是垂直方向的（如吊顶），优雅流畅和活力动感是其主要优点（图4-8）；而水平或垂直方向的斜面介入，会为空间带来变化与不稳定感（图4-9）。

图 4-8　优雅流畅的曲面造型使空间充满了活力和动感　　　　图 4-9　斜面的介入，为空间带来变化与不稳定感

4.体

体是由点、线、面构成的形体空间，有长、宽、厚三种向度，具有充实感、空间感和量感等特点。室内空间中有实体和虚体（如由点、线、透明材料围合的体块以及体、面的凹凸变化，都可形成虚体）两种形式。实体厚重、沉稳，虚体相对轻快、通透。体的特征与线的特征有直接联系，方体和矩形使空间清晰、明确、严肃，而且由于其测量、制图与制作方便，在构造上容易装配，因而在室内空间中被广泛应用（图 4-10）；三角形体块通过方向调整可形成动感或稳定、坚实等不同印象。体块还可通过积聚、切削、变形等手段衍生出其他形体，丰富视觉表现语言，以满足室内空间的各种复杂功能要求（图 4-11）。另外，依附于体块的装饰处理（如肌理、色彩、虚实等）也会使其视觉效果发生相应改变。

图 4-10　方体和矩形使空间清晰、明确、严肃　　　图 4-11　体块通过积聚、切削、变形等手段，衍生出楼梯、
　　　　　　　　　　　　　　　　　　　　　　　　　　　　回廊等形体，丰富了视觉表现语言，满足了室内空
　　　　　　　　　　　　　　　　　　　　　　　　　　　　间的各种复杂功能要求

4.1.2　比例与尺度

　　所谓比例，就是形体与空间形态之间存在着的一种数学关系。室内空间设计上的比例是用来描述整体以及物体彼此之间的关系，如 2∶1、3∶2 等。关于比例最经典的案例当数古希腊人提出的黄金分割比，其比例为 1∶1.618 或 1∶0.618，接近 8∶5，他们相信"美来自数字"，在他们的建筑及雕像的重要尺寸中均含有黄金分割比（图 4-12、图 4-13）。黄金分割比对设计、绘画、雕塑都产生了巨大影响，并被认为是艺术和建筑的理想依据。此外，人们在实践中进一步发现，和谐的比例关系不仅存在于黄金分割比中，而且在一个总体环境或环境诸要素之间也同样存在着和谐的比

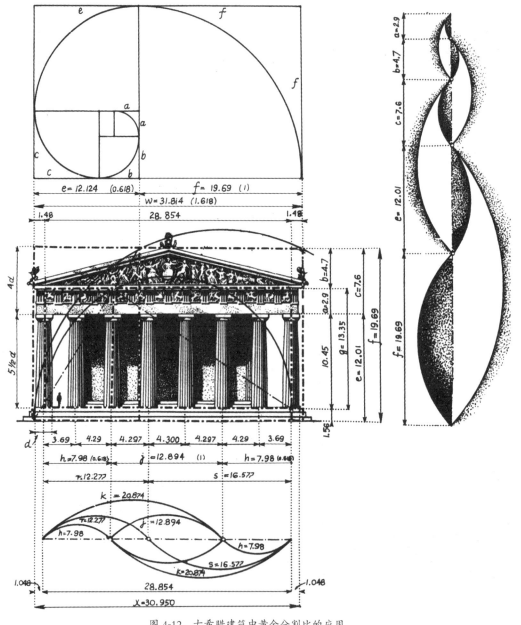

图 4-12　古希腊建筑中黄金分割比的应用

例，如安德烈·帕拉提奥提出的 $1:1$、$1:\sqrt{2}$、$1:\sqrt{3}$、$1:\sqrt{4}$、$1:\sqrt{5}$ 以及基于一定法则产生的数列（如等差数列、等比数列、斐波那契数列）都会产生和谐完美的"理想"比例（图 4-14）。文艺复兴时的建筑师们还发展了一种辅助分析比例和尺度的基准线（Regulating lines）。当许多矩形交织在一起时，如果它们的对角线相互平行或相等时，则具有相同的长宽比例。借助基准线法人们就容易建立起一套复杂的比例系统（图 4-15）。

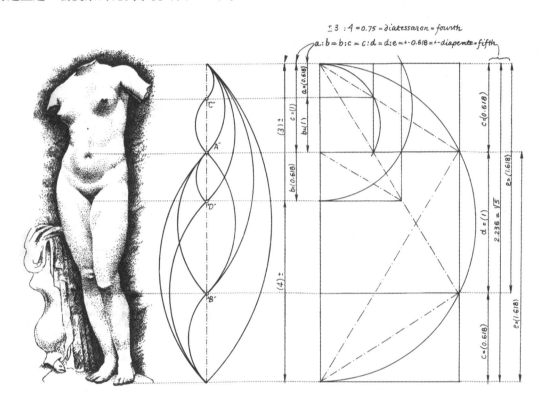

图 4-13　古希腊雕塑中黄金分割比的应用

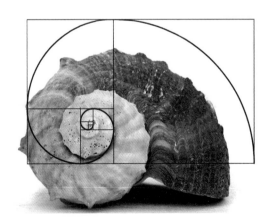

图 4-14　自然界的黄金分割——斐波那契数列

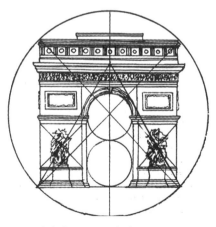

图 4-15　基准线可用于分析建筑上的比例和尺度

图 4-16 顶棚造型的比例打破了常规做法，
让人产生耳目一新的感觉

2.26m，肚脐至地 1.13m）出发，按照黄金分割
引出两个数列："红尺"和"蓝尺"。用这两个数
列组合成矩形网格，由于网格之间保持着特定
的比例关系，因而能给人以和谐感（图 4-17）。

4.1.3 节奏与韵律

节奏与韵律是由于设计要素在空间与时间
上的重复而产生，这种重复既可能是完全不变
的简单重复，也可能通过些许的变化以增加其
复杂性（如渐变或交替变化）。节奏与韵律往
往是联系在一起的，节奏是韵律的条件，韵律
是节奏的深化。节奏和韵律是表达动态感觉的
重要手段。

在室内设计实践中，韵律的表现形式很多，
常见的有连续韵律、渐变韵律、起伏韵律与交
错韵律。连续韵律一般是以一种或几种要素连
续、重复地排列形成的，各要素之间保持恒定
的距离与关系，可以无止境地连绵延长，连续

尺度与比例的概念非常接近，都可用来表
示物体的尺寸与形状。它们的区别也许仅在于
比例具有严格的比率，而尺度则研究的是室内
空间的整体或局部给人感觉上的大小印象和真
实大小之间的关系问题。尺度是以人为标准来
决定的。同样尺寸的台阶踏步、楼梯及扶手，
在室内和室外的尺度感也大不一样；同样满足
使用功能的层高，在大面积与小面积的室内空
间中的尺度感也各不相同，前者感到压抑，后
者则感到太高而不亲切，由此可见尺度与尺度
之间的和谐关系取决于局部与整体之间的比例
关系。同时设计师可以借助这些比例关系，改
变某些建筑构件惯有的比例特征，这种打破常
规的做法，就会成为吸引人们注意力的一种设
计手法，运用得当会让人产生耳目一新的感觉
（图 4-16）。

现代建筑师勒·柯布西耶把比例和尺度结合
起来研究，提出"模度体系"概念。从人体的 3
个基本尺寸（人体高度 1.83m，手上举指尖距地

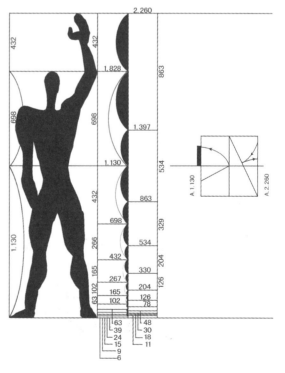

图 4-17 柯布西耶分析的人的比例和尺度

韵律往往可以给人以规整整齐的强烈印象（图 4-18）；渐变韵律是把连续重复的要素按照一定的秩序或规律逐渐变化，如逐渐加长或缩短、变宽或变窄、增大或减小、变紧密或变稀疏，渐变韵律往往能给人一种循序渐进的感觉或进而产生一定的空间导向性（图 4-19）；起伏韵律是按一定的规律时而增加，时而减小，有如波浪起伏或者具有不规则的节奏感，这种韵律常常比较活泼而富有运动感；交错韵律是把连续重复的要素按一定的规律相互交织、穿插而形成的韵律，这种韵律既有明显的条理性，又因为各元素的穿插而表现出丰富的变化。

图 4-18　室内设计中连续韵律的运用

图 4-19　室内设计中渐变韵律的运用

韵律在室内设计中的表现十分普遍，我们可以在形体、界面、陈设等诸多方面都感受到韵律的存在。韵律本身所具有的秩序感与节奏感，既可以加强室内环境的整体统一效果，又能够产生丰富的变化，从而体现出多样统一的原则（图4-20）。

图4-20　韵律可以加强室内环境的整体统一效果，又能够产生丰富的变化

4.1.4　统一与对比

室内空间的功能多种多样，再加上结构类型、家具设备配套方式、业主爱好等的不同，必然会使室内空间在形式上也呈现出各式各样的差异。突出表现形式要素间的差异性，即为对比；以某种方式寻求形式要素间的共性，即为统一。统一与对比永远是一对矛盾统一体，相同或不同的特征之间的平衡会给艺术与生活带来趣味，同时也给空间造型带来视觉上的均衡活力。统一是由物体间视觉特征的一致性造成的，要素间若存在整体的倾向性和共性，无论是造型、色彩、质感、材料或是尺度、位置等，都会有助于统一纷乱的构成元素，获得条理性、规律性、和谐感（图4-21）。重复是最简单的创造视觉统一的手法，但当过分地强调要素的相似时，统一就会变得千篇一律，变得单调、呆板和乏味，这种无支配要素的空间将流于平

图4-21　通过材质和灯光的统一，空间具有了条理性、规律性和协调性

淡和沉闷。这时，人们希望通过些许对比变化，以求得生动和感官的刺激，使其呈现活泼与趣味感，克服视觉单调和厌烦感，视觉环境中的主题、重点也能通过对比而获得，当这种求变手段过激时，又会带来视觉上的混乱和涣散，于是，又要通过统一的寻求来重新建立秩序感，统一与对比的取舍和是非，有时仅一线之隔（图 4-22）。

图 4-22　顶棚色彩的变化使空间具有了既统一又对比的和谐关系

4.1.5　对称与均衡

对称是指室内空间中一种相互对应的形式表现。对称形式的构成，能表达秩序、庄重、安定、威严、沉静、严谨等心理感觉。例如，在中国传统建筑居住室内设计中，凡是厅堂的布置，多以供桌、太师椅和茶几等家具的陈设，以及字画古董等进行摆设陈列，无不严格地遵守对称平衡的法则（图 4-23）。此外，在自然形态中不少是以对称形式出现的，含有众多对称因素，体现出一种和谐的美感。

均衡是指室内空间中形态各部分的重量感在相互调节之下所形成一种稳定状态。从视觉形式来看，不同的造型、色彩和材质等要素能引起不同的重量感觉，当这种重量感觉保持一种不偏不倚的安定状态时，就能产生均衡的

图 4-23　传统建筑居住空间中，多采用对称平衡的手法

图 4-24　不规则运动中的造型使空间形态
　　　　产生均衡的效果

图 4-25　通过柔美的曲线造型和光线的营造，
　　　　使空间给人以梦幻的感觉

效果（图 4-24）。

在室内设计中，对称与均衡产生的视觉效果是不同的，前者端庄静穆，有统一感、格律感，但如过分均等就易显得呆板；后者生动活泼，有运动感，但有时因变化过强而易失衡。因此，在设计中要注意把对称、均衡两种形式有机地结合起来灵活运用。

4.2　室内空间的构成与限定

4.2.1　室内空间的特性与功能

室内空间是建筑空间环境的主体，空间存在的感受来自于周围室内空间的地面、墙面、顶面所构成的三度空间。它决定着室内空间的容量和形态。对于一个具有地面、墙面、顶面围合的六面体房间来说，室内外空间的区别比较容易被识别，而对于不具备完整六面体的围蔽空间，例如，缺少侧墙或者缺少顶面的空间，就会表现出多种形式的内外空间关系，有时难以在性质上加以区别，这类空间一般称为"灰空间"。如传统建筑的过廊，海滨沙滩上的遮阳帐篷、凉亭等；而徒具四壁的空间，虽然围合面较多，却因为是露天的，只能被称为"院子"或"天井"。由此可见，有无顶盖是区别内、外部空间的主要标志。具备地面、顶面、墙面三要素的房间是典型的室内空间；不具备三要素的，除无顶盖的院子、天井外，有些可被视为开敞、半开敞等不同层次的室内空间。这样的认识和分析对于创造、开拓室内空间环境具有重要的意义。

4.2.1.1　室内空间特性

室内空间的面积大小相对是有限的，不同的室内空间中，人的视距、视角等会受到一定限制。室内空间特性可以从室内气氛、光线和意境 3 个方面来表述。

1. 气氛

人们赖以生存、活动的建筑空间环境，由于空间特性的不同，往往造成不同的环境气氛，使人感觉空间仿佛具有了某种"性格"，例如温暖的空间、寒冷的空间、亲切的空间、拘束的空间、恬静优美的空间等。空间之所以给人以这些不同感觉，是因为人以特有的联想感觉，产生了审美反应，赋予了空间各种性格（图4-25）。通常，平面规则的空间比较单纯、朴实、简洁；曲面的空间感觉比较丰富、柔和、抒情；垂直的空间给人以崇高、庄严、肃穆、向上的感觉；水平空间给人以亲切、开阔、舒展、平易的感觉；倾斜的空间则给人以不安、动荡的感觉……凡此种种，不同的空间形式带来了不同的环境气氛。

2. 光线

室内外光线在性质和照度上很不一样，室外是直射阳光，物体具有较强的明暗对比，室内除部分是受阳光直接照射外，大部分是受反射光和漫射光照射，没有较强的明暗对比，光线比室外要弱，相对比较柔和。因此，同样大小的物体，例如一根柱子，在室外由于受到光影明暗变化的影响，显得比较小；而在室内时因为在漫射光的作用下，没有强烈的明暗变化，显得更大一些。室外的色彩显得鲜明，室内则显得灰暗。室内采光、照明、色彩、空间造型等多种因素综合形成的复杂光线，会对人的生理、精神状态产生明显的影响（图4-26）。

3. 意境

形式美只能解决一般问题，意境美才能解决特殊问题；形式美涉及问题的表象，意境美才深入到问题的本质。掌握建筑的性格特点和设计的主题思想，通过室内的一切条件，如室内空间、色彩、照明、家具、陈设、绿化等要素，去创造具有一定氛围、情调、神韵、气势的意境美，是室内空间形象创作的主要任务（图4-27）。

4.2.1.2　室内空间的功能

现代室内空间的形式和类型千变万化，其原因也多种多样，但无疑功能在其中起的作用是相当重要的。在室内空间中，功能决不会自动产生形式，形式是靠人类的形象思维产生的，因此，同样的内容并非只有一种形式才能表达。

在室内空间中，功能对空间的发展具有一

图 4-26　复杂的光线会对人的生理、精神状态产生明显的影响

图 4-27　通过色彩、照明等要素使室内空间具有一定的意境美

定的制约性。这种制约性具体表现在以下两个方面。

1. 功能对单一空间的制约

（1）量的制约。空间的大小、容积首先受到功能的限定。在实际空间中，一般以平面面积作为空间大小的设计依据。根据功能需要，满足起码的人体尺度和达到一种理想的舒适程度将会产生一个面积大小的上限和下限，在设计中一般不要超越这个限度。例如，一间卧室面积为 10 ~ 20m² 即可基本满足要求；一间 40 ~ 50 人的教室则需要 50m² 左右；而影剧院的观众厅如果按照 1000 个座位计算，面积大约为 750m²。

同一幢建筑中不同用途的空间，大小亦有显著不同。以一个住宅单元为例，起居室是家庭成员最为集中的地方，而且活动内容较多，因而面积应该最大；餐厅虽然人员也相对集中，但只发生进餐的行为，所以面积比起居室要小；厨房通常情况下只有少数人在固定时间使用，卫生间更是如此，能够容纳必要的设备和少量活动空间即可满足要求（图 4-28）。

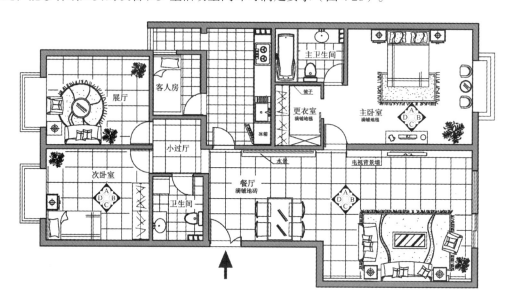

图 4-28　受到功能的限定，每个空间大小亦有显著不同

（2）形的制约。功能除了对空间的大小有要求，还对空间的形状具有一定的影响。虽然在面积满足功能使用要求的前提下，某些空间对形状的要求不甚严格，但为了更好地发挥使用功能，总有某种最为适宜的空间形状可供选择。仍以住宅为例，一般来说，矩形的房间有利于摆放家具，因此较受欢迎，异形的房间虽然颇有趣味，却不好布置家具而较少采用，除非面积十分充裕（图 4-29）。又比如教室，即使已经确定为矩形形状，其长、宽比例还有说法，过长会影响后排座位的视听效果，过宽又会使两侧位置出现反光现象，所以采用合适的长、宽比例才能解决各方面的问题（图 4-30）。

（3）质的制约。空间的"质"主要是指采光、通风、日照等相关条件，涉及房间的开窗和朝向等问题，少数特殊的房间还有温度、湿度以及其他一些技术要求，这些条件的好坏都直接影响空间的品质。房间的使用功能对空间的质具有很大的制约性，不同用途的空间需要不同的采光、通风和日照等条件，从而具有不同的开窗和朝向等方面的处理方法。例如，居室的窗地比（窗户面积与房间面积之比）为 1/10 ～ 1/8 就可以满足要求，而阅览室对采光的要求比较高，其窗地比应达到 1/6 ～ 1/4。

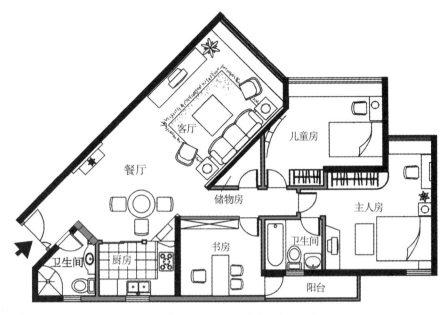

图 4-29　受空间形状的制约，家具布置也有不同

2. 功能对多空间组合的制约

功能不仅对单一空间具有制约性，对多空间的组合也有很强的制约性，这种制约性的具体体现就是：必须根据建筑物的使用性质和特点来选择与之相适应的功能组合形式。

室内空间布局合理与否主要取决于室内各功能联系方式是否恰当。人在空间中是一种动态因素，空间组合方式应该使人在空间中的活动十分便利，也就是交通方便、快捷，这样才是合理的布局。每一室内空间由于其使用性质不同，如宾馆、办公楼、餐厅、娱乐场所等，都会有各自不同的功能逻辑，因此空间组合方式也各有特色。

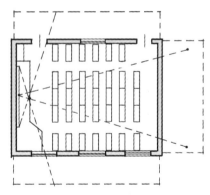

图 4-30　教室的长、宽比例对功能具有一定的影响

上述有关室内空间功能问题的讨论虽然有这样那样的制约性，但在具体设计实践中也不能完全被限制住，否则就会显得过于呆板、千篇一律，当然过于随心所欲也会陷入形式主义泥潭。只有辩证统一地看待功能与空间的关系，把握好制约性和灵活性的尺度，才能创造出既经济适用、又生动活泼的空间形式来。

4.2.2　室内空间的构成类型

根据不同空间所具有的性质特点，可将空间构成类型分为以下 5 种。

1. 固定空间和可变空间

固定空间是一种用途不变、功能明确、位置固定的空间，因此可以用固定不变的界面围隔而成，如卧室、厨房、卫生间等；可变空间则与此相反，为了能适合不同使用功能，常需要改变其空间形式，因此一般采用灵活可变的分隔方式，如活动墙面、折叠门、可开可闭的隔断等。

2. 静态空间和动态空间

静态空间一般形式比较稳定，常采用对称式和垂直水平界面处理。空间比较封闭，构成比较单一，视觉常被引导在一个方位或落在一个点上，空间表现得非常清晰明确，一目了然，如会议室、办公室、客厅、卧室等（图4-31）；动态空间往往具有空间开敞性和视觉导向性的特点，界面组织具有连续性和节奏性，空间构成形式富于变化和多样，常使视线从这一点转向那一点，如候机楼、餐厅、歌厅、舞厅等内部空间，这些空间往往由建筑的功能和性质来决定（图4-32）。另外，在室内设计要素中，如喷泉、瀑布、灯光、斜线和连续曲线等塑造的动感形态，往往也能成为动态空间。

图 4-31　对称式的静态空间常表现得非常清晰明确，一目了然

图 4-32　不规则的动态空间具有空间开敞性和视觉导向性的特点

3. 开敞空间和封闭空间

在空间感上，开敞空间是流动的、渗透的，它可提供更多的室内外景观和宽阔的视野；封闭空间是静止的、凝滞的，有利于隔绝外来的各种干扰。在使用上，开敞空间灵活性较大，便于经常改变室内布置，而封闭空间提供了更多的墙面，空间变化受到限制，空间显得较小。在心理效果上，开敞空间常表现为开朗的、活跃的，封闭空间常表现为严肃的、安静的或沉闷的，但富于安全感。在对景观关系上和空间性格上，开敞空间是收纳性的、开放性的，而封闭空间是拒绝性的。因此，开敞空间表现为更带公共性和社会性，而封闭空间则带有私密性和个体性（图4-33、图4-34）。

4. 虚拟空间和模糊空间

虚拟空间是指在界定的空间内，通过界面的局部变化而再次限定的空间，如局部升高或降低地坪或天棚，或以不同材质、色彩的平面变化来限定空间等（图4-35）。模糊空间常介于两种不同类别的空间之间而难以界定其归属，空间界线似是而非、模棱两可，因而这种空间具有模糊性、

图 4-33　开敞空间灵活性较大，具有公共性、
　　　　　开放性等特点

图 4-34　封闭空间利于隔绝外来的各种干扰，
　　　　　具有私密性和个体性等特点

不定性、多义性，多用于空间的联系、过渡和引申等（图 4-36）。

5. 交错空间和共享空间

在现代室内设计中常将室外的城市立交模式引进室内，使高耸空旷的空间形成错综复杂的立体形态，这种设计方法不但解决大量顾客分散和组织人流的要求，而且纵横交错的立体格局也使空间富有动态和意趣（图 4-37）。共享空间是适应日益频繁的社交和丰富多彩的社会活动的需要而出现的，最初出现在酒店和宾馆，后扩展至办公、商业、博览、交通等建筑。美国建筑师约翰·波特曼是其创始人。共享空间通常体量高大，功能复杂，景观丰富，往往有雕塑、水池、绿植、天桥、走廊等多种景物，集交通枢纽、休闲、购物、活动等功能于一身（图 4-38）。

图 4-35　通过材质、色彩的平面变化来限定空间

图 4-36　大空间包含小空间，使空间具有了
　　　　　模糊性、不定性

图 4-37　纵横交错的立体空间

图 4-38　共享空间通常体量高大，功能复杂，景观丰富

4.2.3　室内空间的限定

　　室内空间一般是由地面、顶棚及四壁六个界面围合而成，但室内围合的界面不一定都是实体，它也可以是虚体围合。被实体要素限定的虚体才是空间，离开了实体的限定，室内空间常常就不存在了。因此，在室内设计中，如何限定空间和组织空间，就成为首要的问题。

4.2.3.1　空间限定的方式

1. 围合

　　通过围合的方法来建构空间是最典型的空间设计方法。围合使空间产生内外之分，空间具有了相对的限定性。另外，包围状态不同，空间的情态特征各异。围合的要素很多，常用的手法有隔断、隔墙、家具、绿化等。由于这些要素在质感、透明度、高低、疏密等方面的不同，其所形成的形态也各有差异，相应的空间感觉亦不尽相同（图 4-39）。

2. 设立

　　设立是把要素设置于原空间中，

图 4-39　通过家具围合，使空间具有了限定性

而在该要素周围形成一个新的空间的场所，这种限定方式往往成为吸引人们视线的焦点。限定的空间是意象性的，而且空间的"边界"是不确定的，它只是视觉心理上的设置，不会划分出某一部分具体肯定的空间，提供明确的形状和度量，而是依靠实体形态获得对空间的占有，对周围空间产生一种聚合力（图 4-40）。与围合的空间建构形式相比较，在设立的操作中实体形态有很强的积极性，它们的形状、大小、色彩等所显示的重量感和运动感，都能影响设立所控制的空间范围。

3. 覆盖

用覆盖的方式限定空间亦是一种常用的方式。在室内空间中，作为一种抽象的概念，用于覆盖的元素应该是漂浮在空中的，一般都采取从上面悬吊或在下面支撑的办法来划分空间。从心理空间的角度分析，通过覆盖的方法所划分的空间并不能明确界定。因此在室内空间设计中，覆盖这一方法常用于比较高大的空间中，以避免空间高度过大而失去亲近感。当然由于限定元素的透明度、质感以及离地距离等的不同，其所形成的限定效果也有所不同（图 4-41）。

4. 凸起

凸起所形成的空间高出周围的地面，这种空间的限定强度会随着凸起物的增高而增强。在室内空间设计中，这种空间形式有强调、突出功能的作用，当然有时亦具有限制人们活动的意味。由于地面升高形成一个台座，和周围空间相比变得十分醒目突出，因此它们的用途适宜于惹人注目的展示、陈列和眺望空间（图 4-42）。

5. 下沉

室内地面局部下沉，故其有一种隐蔽感、保护感和宁静感，使其成为具有一定私密性的相对独立空间，这种空间领域一般低于周围的空间（图 4-43）。它既能为周围空间提供一处居高临下的视觉条件，而且易于营造一种静谧的气氛，同时亦有一定的限制人们活动的功能。下沉空间根据具体条件和不同要求，可以有不同的下降高度，少则一二阶，多则四五阶不等，对高差交界的处理方式也有许多方法，或布置矮

图 4-40　通过家具限定空间，对周围空间产生一种聚合力

图 4-41　通过覆盖的方法限定空间

图 4-42　通过地面凸起的造型来展现商品的陈列

墙绿化，或布置沙发座位。

6. 架空

架空是指在原空间中，局部增设一层或多层空间的限定手法。上层空间的底面一般由构件悬挑或由梁柱架起，这种方法有助于丰富空间效果。架空形成的空间解放了原来的地面，从而在其下方创造出另一从属的空间，相对于下部的副空间，被架起的空间范围较为明确（图4-44）。在室内空间设计中，根据层高和要求设置夹层及通廊就是运用架空手法的典例。

图 4-43　通过局部下沉来划分空间　　　　图 4-44　通过架起的集装箱达到空间再利用的目的

图 4-45　体量可以通过偏移和旋转产生动势

7. 包容

包容是通过将两个大小明显不同的空间相互叠合，体积大的空间将体积小的空间包容在内。在高度有差别的前提下，体量差别越大，包容感越强。为了增加体积小的空间的趣味性，可以采用不同于体积大的空间的形状，即使同一形状的大、小空间，也可以通过偏移和旋转产生动势，这样剩余空间不至于因为过于均衡而缺少变化（图4-45）。

以上7种空间构成方式，在实际的设计中往往不是单独进行的，而是通过几种限定手法共同构成，这种构成空间的组合特性，正是现代室内设计多样化特征所需要的。

4.2.3.2　空间的限定度

通过空间的限定方法可以在原空间中限定出新的空间，然而由于限定元素本身的不同特点和不同的组合方式，其形成的空间限定的感觉也不尽相同，这时，我们就可以用"限定度"

来判别和比较限定程度的强弱。有些空间具有较强的限定度，有些则限定度比较弱。

1. 限定元素的特性与限定度

用于限定空间的限定元素，由于本身在质地、形式、大小、色彩等方面的差异，其所形成的空间限定度亦会有所不同。在通常情况下，限定元素的特性与限定度的关系，设计人员在设计时可以根据表 4-1 中不同的要求进行参考选择。

表 4-1 限定元素的特性与限定度的强弱

限定度强	限定度弱
限定元素高度较高	限定元素高度较低
限定元素宽度较宽	限定元素宽度较窄
限定元素为向心形状	限定元素为离心形状
限定元素本身封闭	限定元素本身开放
限定元素凹凸较少	限定元素凹凸较多
限定元素质地较硬、较粗	限定元素质地较软、较细
限定元素明度较低	限定元素明度较高
限定元素色彩鲜艳	限定元素色彩淡雅
限定元素移动困难	限定元素易于移动
限定元素与人距离较近	限定元素与人距离较远
视线无法通过限定元素	视线可以通过限定元素
限定元素的视线通过度低	限定元素的视线通过度高

2. 限定元素的组合方式与限定度

除了限定元素本身的特性之外，限定元素之间的组合方式与限定度亦存在着很大的关系。在现实生活中，不同限定元素具有不同的特征，加之其组合方式的不同，因而形成了一系列限定度各不相同的空间，创造了丰富多彩的空间感觉。由于室内一般都由六个界面构成，所以为了分析问题的方便，可以假设各界面均为面状实体，以此突出限定元素的组合方式与限定度的关系。

（1）垂直面与底面的相互组合（图 4-46）

①底面加一个垂直面。人在面向垂直限定元素时，对人的行动和视线有较强的限定作用。当人们背向垂直限定元素时，有一定的依靠感觉。

②底面加两个相交的垂直面有一定的限定度与围合感。

③底面加两个相向的垂直面。在面朝垂直限定元素时，有一定的限定感。若垂直限定元素具有较长的连续性时，则能提高限定度，空间亦易产生流动感，室外环境中的街道空间就是典例。

④底面加三个垂直面。这种情况常常形成一种袋形空间，限定度比较高。当人们面向无限定元素的方向，则会产生"居中感"和"安心感"。

⑤底面加四个垂直面。此时的限定度很大，能给人以强烈的封闭感，人的行动和视线均受到限定。

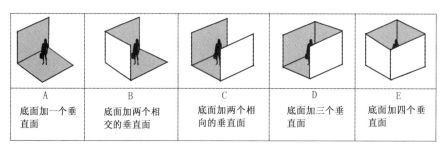

A	B	C	D	E
底面加一个垂直面	底面加两个相交的垂直面	底面加两个相向的垂直面	底面加三个垂直面	底面加四个垂直面

图 4-46　垂直面与底面的相互组合

（2）顶面、垂直面与底面的组合（图 4-47）

①底面加顶面，限定度弱，但有一定的隐蔽感与覆盖感。

②底面加顶面加一个垂直面，此时空间由开放走向封闭，但限定度仍然较低。

③底面加顶面加两个相交垂直面。如果人们面向垂直限定元素，则有限定度与封闭感；如果人们背向角落，则有一定的居中感。

④底面加顶面加两个相向垂直面。此时产生一种管状空间，空间有流动感。若垂直限定元素长而连续时，则封闭性较强，隧道即为一例。

⑤底面加顶面加三个垂直面。当人们面向没有垂直限定元素的方向时，则有很强的安定感；反之，则有很强的限定度与封闭感。

⑥底面加顶面加四个垂直面。这种构造给人以限定度高、空间封闭的感觉。

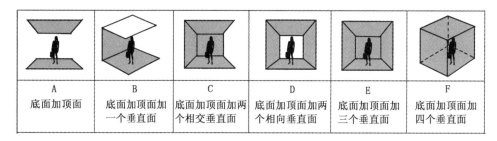

A	B	C	D	E	F
底面加顶面	底面加顶面加一个垂直面	底面加顶面加两个相交垂直面	底面加顶面加两个相向垂直面	底面加顶面加三个垂直面	底面加顶面加四个垂直面

图 4-47　顶面、垂直面与底面的组合

在实际工作中，正是由于限定元素组合方式的变化，加之各限定元素本身的特征不同，才使其所限定的空间的限定度也各不相同，由此产生了千变万化的空间效果，使我们的设计作品丰富多彩。

4.3　室内空间的设计手法

4.3.1　空间组合与围透

室内空间虽然有时是独立存在的单一空间，但单一空间往往难以满足复杂多样的功能和使用要求，因此多数情况还是由若干个单一空间进行组合，从而形成更为复杂的组合空间。各组合空间之间在使用功能上并非彼此孤立，而是相互联系的。

在空间组合时，应根据建筑空间的功能特点、人流活动状况、行为和心理要求选择恰当的空间组合形式。设计师设计空间组合时应具体分析、区别对待，哪些空间应相互毗邻，哪些应隔离，哪些主要，哪些次要，从而形成不同的群化形式。如学校、医院，按照功能特点，各空间的独立性较强，因此一般适于以一条公共走廊来连接各空间；而对于展示空间、车站，则往往以连续、穿插形式来组织空间更为合适。事实上，由于建筑功能的多样性和复杂性，除少数建筑空间由于功能较单一而只采用一种类型的空间组合形式，大多数建筑都必须综合地采用两三种，甚至更多种类型的组合形式。

4.3.1.1　空间的组合形式

1. 单一空间组合

单一空间在界面形态上有多种组合形式，根据界面组合特征可分为以下 3 种。

（1）包容式。即在原空间中，用实体或虚拟围隔，限定出一个或多个小空间，大小不同的空间相互叠合，较大的空间将较小的空间容纳在内。这种空间形式实际上是对原空间的二次限定，通过这种手段，既可满足功能需要，也可丰富空间层次及创造宜人尺度。

（2）穿插式。两个空间在水平或垂直方向相互叠合，形成交错空间，两者仍大致保持各自的界线及完整性，其叠合的部分往往会形成一个共有的空间地带。

（3）邻接式。组合时空间之间不发生重叠关系，空间处于相邻独立或连续程度。当连接面为实面时，限定度强，各空间独立性较强；当连接面为虚面时，各空间的独立性差，空间之间会不同程度存在连续性。

2. 多空间组合方式

选择多空间组合方式的依据一是要考虑建筑空间本身的设计要求，如功能分区、交通组织、采光通风以及景观的需要等；二是要考虑用户要求和环境情况的限制。根据不同空间组合的特征，概括起来有线形式组合、中心式组合和组团式组合 3 种类型。

（1）线形式组合。按人们的使用程序或视觉构图需要，沿某种线形的秩序组合成空间界面。这些线形可直接逐个接触排列，互为贯通和串联成为连续式的界面空间，也可以将使用空间与交通空间分离，界面之间既可以保持连续性，也可以保持独立性。线式空间具有较强的灵活可变性，线形既可是直线，也可是曲线和折线，方向上既可以是水平方向，也可以存在高低变化(图 4-48)。

（2）中心式组合。一般由若干次要空间围绕一个主导空间来构成，是一种静态、稳定的集中式的平面组合。空间主次分明，交通流线多通过通道与主导空间连通，其构成的空间形式呈辐射状，中心空间多作为功能中心或视觉中心来处理，或是当作人流集散的交通空间（图 4-49 ）。如酒店空间中的大堂，办公空间中的门厅，住宅空间中的起居室，以及人流比较集中的车站、图书馆、展览馆等处多会采用这种空间形式划分。

图 4-48　垂直的线形错落排开，形成连续式的界面空间

图 4-49　通过通道与主导空间连通，构成了空间的视觉中心

　　（3）组团式组合。组团式组合是把空间划分成几个组团，用交通空间将各个组团联系在一起的空间形式。其组合形式灵活多变，并不拘于特定的几何形状，能够较好地适应各种空间和功能要求，因地制宜，易于变通，尤其适于开敞空间类型（图4-50）。其中，网格状的空间组合在室内空间设计中更具有普遍性，采用具有秩序性、规则性的网格式组合，很容易使各组合空间具有内在的理性联系并整齐划一。但同时应引起注意的是，组团式空间也很容易造成视觉上的混乱或单调乏味。

图 4-50　组团式组合形式灵活多变，能够较好地适应各种空间和功能要求

4.3.1.2　空间的围透关系

空间形态的围合是空间形象构成的主要方面。空间形态的构成样式主要由围和透两部分组成。围和透的选择取决于空间的功能性质和结构形式，以及当地气候条件与周围环境的关系等诸多要素。另外，还应兼顾使用者的心理要求和空间艺术特点。空间的围与透会直接影响人们的精神感受和情绪。一个房间，若皆诸四壁，只围不透，虽然使人感到安全和私密，但同时也会感到封闭及沉闷；若四面临空，只透不围，则会使人感到开敞，但也会使人缺乏背靠和安全感。密斯·凡·德罗在 1945 年设计建造的范斯沃斯住宅，架空的透明纯净的玻璃盒子虽然有着"看得见风景的房间"之称，然而这种透明的处理方式对于居住者看来，无疑是让居住成为一种公众性、缺乏隐私的行为，这也是该住宅难以成为家庭主妇理想的舒适住宅的根本原因（图 4-51）。极端性的开放或封闭状态，都会引起人们心理上的恐惧或不适。作为设计师理应考虑人们的心理承受能力和使用要求，在满足使用者要求的情况下合理地处理空间。

图 4-51　通透的玻璃虽然使空间具有了开放性特征，但这种极端的处理方式也为使用者带来了不便

围合是限定空间最典型的形式，围合的状态不同，空间形态炯异。空间系由各种实体要素围合限定而成。实体的材质、形状、高矮、宽窄及有无洞口等由此而产生不同的围合，都会影响人的身体、视线被阻挡或自由通过。空间形态多变，还会对室内光线、温度、声音及视野产生影响。另外，开敞空间与同样面积的封闭空间相比，面积感觉会大些。空间围合与渗透的关键在于垂直实体对视线的遮掩程度。实体遮挡人的视线，空间性格为内向性、私密性和领域感；若视线可越过和透过围合的实体，空间特征则倾向开敞、渗透，空间性格也外向和富于变化，同时也会减弱私密性（图 4-52）。其中，开洞（如门洞、窗洞）是解决通透，实现空间联系，以及使空间具有使用功能的必要手段。开洞方式的不同（如洞口面积大小、数量、形状和位置），空间封闭感亦会不同。另外，不同开洞方式不但会影响视野，还会影响采光、通风等问题。

图 4-52　空间界面通透，私密性相应减弱

4.3.2　空间的动线与序列

4.3.2.1　空间的动线

空间的动线是建筑空间中人流重复行进的路线轨迹。动线实际上就是交通流线，是空间构成的主体骨架，也是影响整体空间形态的主要因素。空间中的动线以特有的设计语言与人对话、传递信息，以左右人的前进方向，使人在空间中游走而不至迷失方向，并引导人流到达预定目标。这种按照人的行为心理特点设计的处理方法也称"空间导向性"。

常用动线有直线式、曲线式、循环式、盘旋式等。空间动线可以是单向的，也可以是多向的，单向的动线方向单一明确，有头有尾，秩序井然，甚至会带有一定的强制性因素，如赖特的古根海姆美术馆，就是由于采用盘旋式动线而产生的独特空间形式，参观者先要乘电梯到达顶层，再沿着螺旋形的楼面往下走，边走边看（图 4-53）；而多向的动线方向往往不甚明确，同时会有多条动线，这种空间处理方式效果丰富含蓄，多用于规模较大的公共空间，尤其是那些人流频繁的交通空间，如商场、影剧院、博物馆、宾馆、医院等（图 4-54）。

无论采用哪种布局形式，都应尽量避免流线往返现象发生。为此，一般多会采用环状的动线布局。对室内空间动线的要求主要有以下两个方面。

1. 功能要求

人在空间中的活动过程都有一定的规律性或称行为模式，如看电影会先买票，开演前会在门厅或休息厅等候、休息，然后观看，最后由疏散口离开，这也是空间序列设计的客观依据。设计师可根据这种活动规律结合原建筑的空间结构特点，来决定空间活动路线及围合方式，使人的行为模式与功能要求相符合。

图 4-53　参观者沿螺旋形的楼面自上而下参观，设计动线带有一定的强制性

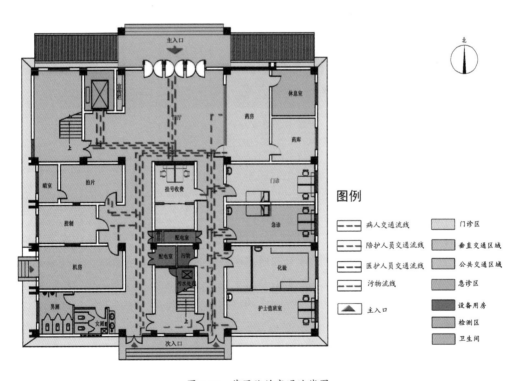

图 4-54　某医院的交通流线图

2. 精神要求

根据空间的性质以及特定条件，充分发挥空间变化的多样性给观者视觉及精神上的体验，这也是设计者应能够预见或全面掌控的基本能力所需。认识到观者的视野变化而进行有目的的设计，

把空间的变化及时间的先后顺序有机统一，采用"收放""抑扬"等手法，使空间形态获得理想的整体印象。

通常情况下，空间动线不宜太直，一览无余、深远狭长的空间会沉闷而令人厌倦。中国园林"畅则浅""曲径通幽"的造园方式无疑是空间处理的典范。"径莫便于捷，而又莫妙于迁"（李渔《一家言·居室器玩部》），可以说是动线创造的根本原则，既应尽量缩短交通距离以提高效率，又要引入曲线或其他形态等手段，通过曲折迂回、旁枝末节以及加强横向渗透、增加对景，使空间藏露结合、充实饱满，并能够增加视觉趣味（图4-55）。

图 4-55　通过曲折迂回的动线增加视觉趣味

4.3.2.2　空间的序列

序列是指按次序编排个体空间环境的先后关系，它是通过对比、重复、过渡、衔接、引导等空间处理手法，把个别、独立的单元空间组织成统一、变化和有序的复合空间集群，使空间的排列与时间的先后这两种因素有机地统一。

空间序列首先应以满足功能要求为依据，但仅仅满足行为活动的需要，显然远远不够。正如音乐有抑扬顿挫、高低起伏，空间也同样有浓淡虚实、疏密大小、隔连藏露。序列路线会以它自己的特殊形式影响人的心理，正如面对一个陌生的城市，选择不同的行进路线会影响到我们对这个城市的印象一样，对于同样的空间组织，同样的室内布置，观赏次序不同，人的视觉感受肯定亦不同，也就是说，空间序列组织会从心理和生理上影响、打动参与者。

为了进一步理解参与者与空间序列的关系，我们首先要清楚如何体验空间，如何从行进和空间变化中感知空间。人不是静物，受行动的支配促使身体发生走动，而空间也绝非局限于静止的视野，其视觉刺激源自时差相继的延展，其感受随时间延续而变化。时间和运动是人类感受和体验空间环境的基本方式。对于三维的空间组合体系，除非是非常狭小的空间，人们往往无法一眼看到其整体的内部，只有通过运动和行进，由一个空间进入另一个空间，随着位置的移动及时间的推移而"步移景异，时移景变"。视线的变动、视野角度的变换，使建筑空间的客体与观者的主体相对位置不断产生变化，观者从不同角度和侧面感知和体验环境的各个局部要素和实体、轮廓，不断受到建筑空间之中的实体与虚拟在造型、色彩、样式、尺度、比例等方面全方位的信息刺激，随时间的延续逐步地积累感受和联想，从而得到变化着的视觉印象（图 4-56、图 4-57）。这些不在同一时间形成的变化着的视觉印象，由于视觉的连续对比和视觉残留作用而叠加、复合，经头脑加工整理，形成对空间总体的、较为完整的印象和体验，可得到对其全面的认识和理解。

　　"建筑是凝固的音乐，音乐是流动的建筑"这一名言大家并不陌生。尽管空间不会发出任何声音，但我们却会从心灵中听出雄伟壮丽、华美舒缓的乐章，空间序列也应有前奏、引子、高潮、回味、尾声，既应谐调一致，又要充满变化。沿主要人流路线逐一展开的空间序列应有起、有伏、有抑、有扬、有主、有次、有收、有放。其中，高潮是整个空间序列的中心，是点睛之笔，反映整个空间的主题和特征，若空间序列无高潮处理，只收不放，会使人感到沉闷、压抑，很难打动人和引起情绪共鸣，当然，这种主题空间既可单一也可多个。而只放不收的空间，又容易使人感到松散、空旷。

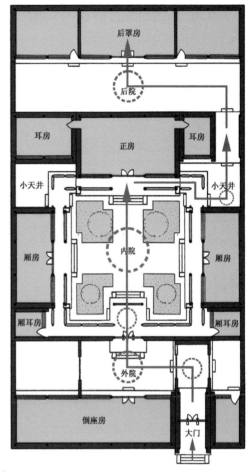

图 4-56　四合院的空间序列分析

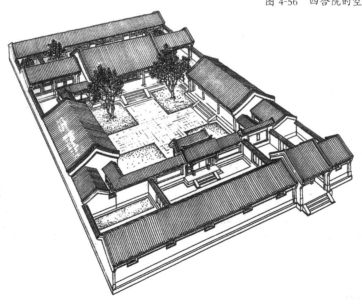

图 4-57　北京四合院的空间处理

101

4.3.3 空间的形状与动静分析

4.3.3.1 空间的形状

空间序列能表现空间的递进关系和观者的感受变化，那么这个变化从何而来呢？反过来讲，人是通过什么样的空间变化而感知空间存在，这就涉及空间的形状以及空间界面对人的感受问题。空间形状实际上是一种心理上的存在，是由周围的实体要素暗示或实体要素间的关系而推知，限定物的表面即为所限定的空虚体的表面，其分隔、限定的空间形状与实体要素本身会有很大关系。空间形状会很大程度地决定空间性格，不同的空间形状，如高低、曲直，给人心理感受也会多样。直面限定的空间单纯、简洁、严肃、紧张有力；曲面限定的空间自由、随意、动感；对称的空间形状庄严、肃穆、雄伟；而不规则空间则自由、轻巧、活泼。另外，空间的方向性对其性格也有很大影响。在空间的三维尺度中，高度要比长、宽对空间尺度更具影响，空间高度还会与其平面尺度产生对应关系的变化，绝对高度不变的情况下，平面面积越大空间会越显低矮。

空间形状从平面和立面形状两方面来分析有以下几种。

1. 平面形状

（1）矩形室内空间。矩形室内空间是一种最常见的空间形式，很容易与建筑结构形式协调，平面具有较强的单一方向性，立面无方向感，是一个较稳定的空间，属于相对静态和良好的滞留空间，一般用于卧室、办公室、会议室等室内空间（图4-58）。

图 4-58　矩形室内空间

（2）折线形室内空间。折线形室内空间的平面为三角形、六边形及多边形。三角形空间具有强烈的方向性和动感，空间感觉不稳定，并有强烈收缩、扩张等突变感；六边形空间有一定的向心感、庄重感，空间呈现静态，无方向性，给人以严谨、平稳之感（图 4-59）。

图 4-59　折线形室内空间

（3）圆拱形空间。圆拱形空间常见有两种形态。一种是矩形平面拱形顶，水平方向性较强，剖面的拱形顶具有向心流动性；另一种为圆形平面圆弧形顶，有稳定的向心性，给人收缩、安全、集中的感觉（图 4-60）。

图 4-60　圆拱形空间

（4）自由形空间。平面形式多变而不稳定，自由而复杂，有一定的特殊性和艺术感染力，会使人产生自由随意、活泼的感受，多用于特殊娱乐空间或艺术性较强的空间（图 4-61）。

图 4-61　自由形空间

2. 立面形状

（1）圆形、矩形空间，严谨、静态、沉闷，具有强烈的封闭、收敛感。

（2）水平方向细而长的空间，给人的印象是深邃、含蓄，空间由于无限深远而产生期待情绪。空间导向性强，若是采用弯曲、弧形、螺旋形及环形空间更会加强导向性作用（图 4-62）。

（3）垂直方向窄而高的空间，竖向方向性强，具有上升动势，可产生崇高、雄伟、壮观的情绪，同时空间不易稳定（图 4-63）。

（4）低而宽的水平方向空间，有向侧面方向伸展的动势，使人产生开阔、博大、平稳、舒展的感受。同时，低矮天花还会具有庇护感，使人产生亲切、宁静的感觉。但处理不当，也会产生压抑、沉闷感。

图 4-62　弯曲、弧形空间会加强导向性作用　　图 4-63　垂直空间，竖向方向性强

（5）剖面为穹顶或攒尖空间，具有内敛、向心以及升腾感。拱顶空间也具有升腾感，沿纵轴方向则具有导向感。

一般来讲，空间的形状是由使用要求、技术条件和经济条件等多种因素决定的。通常情况下，矩形平面较为适用，也较为合理，因为它不仅易建造，易布置家具、设备，而且也容易适合生活起居等需要。有些具有特殊要求的建筑，可能使用一些较为特殊的平面和形体。如剧场、电影院的观众厅常常采用六角形、钟形、扇形和马蹄形等平面，因为这些平面很容易布置座席，进而也容易满足观众视听的需要。杂技场的表演区平面多用正圆形，设计在观众座席的中央，这种包围式的布局安排更有利于观众视听。因此，设计时要考虑观者的使用要求和技术经济上的合理性，如果只考虑造型的新奇，盲目采用怪诞的平面和形体，以致出现大量不规则的厅、堂和房间，不仅难以布置家具，难以适应活动需求，也难以让人有一个愉悦的心情。

除此以外，空间形状还要考虑它可能产生的心理作用。古代欧洲的哥特式教堂，空间高耸，采用尖拱、柱子等把人的视线引向上方，以致能使身居其中的人自感渺小，进而对"天国""上帝"产生敬畏的心情。柯布西耶设计的朗香教堂，墙面弯曲，平面形式极不规律，人们置身其中，必然会感到神秘和一种特殊的氛围。

4.3.3.2　空间的动静分析

在处理室内环境设计的功能问题时，还要注意一个动与静的空间关系问题。人类的活动，相对来讲有动与静的区别。如住宅中的起居室、门廊与餐厅可视为居住空间中的活动区域，而书房和卧室则相对来讲是安静区域；学校中的教室、体育活动场地、实习工厂、音乐室可视为活动区域，而教师的办公室、教研室以及阅览室则可视为安静区域；现代酒店中的大堂、商场、舞厅与餐厅可视为活动区域，而客房区则可视为安静区域。

现代室内设计中一个重要的要求就是满足人们的心理和生理要求，而动静分区即是将室内公共活动空间与要求安静的空间适当分开，以避免相互干扰，给人们的生活、学习、工作带来影响。以居住空间为例，一般将起居室、餐厅、厨房、公共卫生间、洗衣间等设置在一层，而将卧室、学习间、工作间、私用卫生间设置在另一层，从而达到动静分区的目的。现代酒店中一般将大堂、大堂吧、商务中心、专卖店、餐厅等动态区域设置在底层，而将客房区静态区域设置在上部。

动静空间关系还涉及人的行为特征，具体到一个特定的空间，动与静的形态又转化为交通面积与实用面积，可以说室内设计的平面功能分析主要就是研究交通与实用之间的关系，它涉及位置、形体、距离、尺度等时空要素。研究分析过程中依据的图形就是平面功能布局的草图表现，这些设计草图将围绕着使用功能的中心问题而展开思考，其中包括对室内的功能分区、交通流线、空间使用方式、人数容量、布局特点等诸方面的问题进行研究。采用这种抽象草图表现的主要作用在于帮助设计师将动静关系问题和思考的方案信息直接记录下来（图 4-64）。如果包含的信息太多以致无法一目了然，草图就失去其有效性。在分析问题和设计进程中，可以将草图张贴在墙面上供全组人员研讨、交流，这样就能即时地展示设计小组的最新设想。

然而在很多情况下，由于分工的限制，室内设计师干预不了建筑总图设计阶段和平面设计阶段的工作。有时，室内设计师还要面临在原有建筑内改变使用功能的设计任务。因此，室内设计师往往只能利用技术手段来处理动、静空间的隔离问题。例如，对于在酒店内设置 KTV 这一类娱乐空间设计，只能用技术的手段来解决。这种空间的音响、震动很大，对其他空间的环境有很大

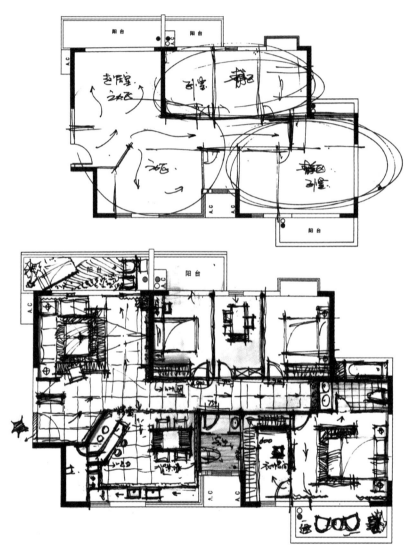

的干扰。设计者在原有建筑内处理这类空间，通常的办法是运用隔声材料和减震的构造技术来补救。

　　动静关系问题已成为室内设计考虑的一个重要内容，因为动静分区对于生活在室内空间的人来说是非常重要的，它给人们的生活、学习、工作带来了安静、舒适的环静，提高了居住质量。因此，在平面和室内空间设计中应尽量做到功能合理，建筑、结构、水电等之间设计要协调，从各个方面考虑满足人的生理和心理要求。

图 4-64　居室动静关系草图分析

4.3.4　室内界面设计

　　室内界面指的是围合成室内空间的实体，如底面（地面）、侧面（墙面）和顶面（吊顶）。当然，除了三大面以外，还应包括楼梯、柱子、护栏等要素。界面设计就是对这些围合和划分空间的实体要素进行设计，包括根据空间的使用功能和风格、形式特点，来设计界面实体的形态、大小、色彩、质感和虚实程度，选择用材以及解决界面的技术构造，与建筑结构、水、电、暖、排风、消防、音响、监控等管线和设备设施的协调及配合等的关系问题。因此，界面设计既包含功能技术要求，也有造型美观要求。这里不但涉及艺术、结构、材料，还包括设备、施工、经济等多方面的因素。例如，界面与风管尺寸及出、回风口的位置安排，界面与嵌入式灯具或灯槽的设置，以及界面与消防喷淋、报警、通信、音响、监控等设施的接口等问题也都需要我们给予充分的重视。

4.3.4.1　室内界面设计的要求与特点

室内设计时，对于底面、侧面、顶面等各类界面，既要考虑到它们的一些共同要求，又要注意它们在使用功能方面各自的特点。

1. 各类界面的共同要求

（1）耐久性及使用期限；

（2）耐燃及防火性能（现代室内装饰应尽量采用不燃及难燃性材料，避免采用燃烧时释放大量浓烟及有毒气体的材料）；

（3）无毒（指散发气体及触摸时的有害物质低于核定剂量）；

（4）无害的核定放射剂量（如某些地区所产的天然石材，具有一定的氡放射剂量）；

（5）易于制作安装和施工，便于更新；

（6）必要的隔热、保暖、隔声、吸声性能；

（7）装饰及美观要求；

（8）相应的经济要求。

2. 各类界面的不同功能特点

（1）底面（地面、楼面）——耐磨、防滑、易清洁、防静电等；

（2）侧面（墙面、隔断）——遮挡视线，较高的隔声、吸声、保暖、隔热要求；

（3）顶面（平顶、吊顶）——质轻，光反射率高，较高的隔声、吸声、保暖、隔热要求。

4.3.4.2　室内界面设计的原则

在现在的生活中人们越来越注重生活环境和氛围，不论是对于办公室设计、酒店空间设计、休闲娱乐场所设计以及商业店面设计等，界面的处理和设计都是至关重要的。合理的界面处理会让整个空间更加融洽和谐，因此界面设计时要遵循以下 7 点原则。

（1）室内设计要与室内空间各界面及配套设施的特定要求相协调，达到高度的、有机的统一；

（2）在室内空间环境的整体氛围上，要服从不同功能的室内空间的特定要求；

（3）室内空间界面和某些配套设施在处理上切忌过分突出；

（4）充分利用材料质感和色彩效果；

（5）利用照明及自然光影来创造室内空间的气氛；

（6）充分利用其他造型艺术手段，如图案、几何形体、线条等的艺术表现力；

（7）在建筑物理方面，如保温、隔热、隔声、防火、防水，也包括空调设备等，要按照设计需要及条件进行考虑和选择。

4.3.4.3　室内界面设计的要点

1. 底界面的装饰设计

室内空间底界面设计一般是指楼地面的装饰设计。楼地面的装饰设计首先要考虑使用上的要求，普通楼地面应有足够的耐磨性和耐水性，并要便于清扫和维护；浴室、厨房、实验室的楼地面应有更高的防水、防火、耐酸、耐碱等能力；经常有人停留的空间如办公室和居室等，楼地面应有一定的弹性和较小的传热性；对某些楼地面来说，也许还会有较高的声学要求，为减少空气传声，要严堵孔洞和缝隙，为减少固体传声，要加做隔声层等。

楼地面的装饰材料种类很多，有瓷砖地面、石材地面、木地板地面、塑胶地面、玻璃地面、地毯地面等。楼地面材料纹饰大小选择要充分考虑空间的功能与性质。在家具较少的大厅、过厅中，可选用中心比较突出的图案，并与顶棚造形和灯具相对应，以显示空间的庄重华贵（图4-65）；在家具多或采用非对称布局的空间中，宜考虑选用一些网格形的图案或者弱化地面图案设计，以给人平和稳定的整体印象，如果仍然采用中心突出的图案，可能导致图案被家具覆盖而不完整。在现代室内设计中，设计师为追求一种朴实、自然的情调，常常故意在内部空间设计一些类似街道、广场、庭园的地面，其材料多为木地板、防腐木、碎片大理石、卵石等（图4-66）。

2. 侧界面的装饰设计

侧界面又称垂直界面，有开敞和封闭之分。前者指立柱、幕墙、有大量门窗洞口的墙体和各种各样的隔断，以此围合的空间，常形成开敞或半开敞式空间。后者主要指实墙围合的空间，常形成封闭式空间。侧界面面积较大，距人较近，又常有壁画、雕刻、挂毡、挂画等壁饰，因此侧界面装饰设计除了要遵循界面设计的一般原则外，还应充分考虑侧界面的特点，在造型、选材等方面进行认真的推敲，全面顾及使用要求和艺术要求，充分体现设计的意图。

侧界面要考虑防潮、防火、隔声、吸声等要求，在使用人数较多的大空间内还要使侧界面下半部坚固耐碰，便于清洗，不致被挪动家具时弄脏或撞坏；侧界面是家具、陈设和各种壁饰的背景，要注意发挥其衬托作用；侧界面要注意空间之间的关系以及内部空间与外部空间的关系，做到该隔则隔、该透则透，尤其要注意吸纳室外的景色；要充分利用材料的质感，通过质感营造空间氛围；侧界面往往

图4-65　地面上的家具造型与顶棚圆形呼应，
　　　　显示出空间的灵活多变

图4-66　采用卵石、石板铺地，空间朴实、自然

通过色彩或图案来表现空间的特性，它们或冷或暖，或水平或垂直，或倾斜或流动（图4-67）。

从总体上看，侧界面的常见风格有三大类：第一类为中式风格；第二类为欧式风格；第三类为常见的现代风格。中式风格的侧界面，大多借用传统的装饰符号，常用一些寓意吉祥的图案；欧式风格的侧界面，大都模仿古希腊、古罗马的建筑符号，并喜用雕塑做装饰，其间常常出现一些古典柱式、拱券等形象；现代风格的侧界面则大都比较简约，不刻意追求某个时代的某种样式，主要是通过色彩、材质、虚实的搭配，表现界面的形式美。当然，在设计实践中，还有所谓美式、日式等其他风格，不一而足。但不管采用哪种设计风格，都要尽可能通过侧界面设计展现空间的民族性、地域性与时代性，与其他要素一起综合反映空间的特色（图4-68）。

3. 顶界面的装饰设计

顶界面即空间的顶部。常见的顶棚形式有平整式顶棚、井格式顶棚、悬挂式顶棚、分层式顶棚。顶棚的主要作用一是遮盖各种通风、照明、空调线路和管道；二是为灯具、标牌等提供一个可载实体；三是创造特定的使用空间和审美形式；四是起到吸声、隔热、通风的作用。

顶界面设计首先要考虑空间功能的要求，特别是照明和声学方面的要求，这在音乐厅、美术馆、剧场、电影院、博物馆等建筑中十分重要。拿音乐厅等观演建筑来说，顶界面要充分满足声学方面的要求，保证所有座位都有良好的音质和足够的声音强度，正因为如此，不少音乐厅都在顶部上空悬挂各式可以变换角度的反声板，或同时悬挂一些可以调节高度的扬声器。为了满足照明要求，剧场、舞厅应有完善的专业照明，观众厅也应有适当的顶饰和灯饰，以便让观众在开演之前及幕间休息时欣赏（图4-69）。

其次，顶界面处理要注意空间的高度。由于顶界面有梁架、管线、柱体等因素影响，因此顶界面不一定都要用吊顶封起来，如果组织得好，修饰得当，不仅可以节省空间和投资，还能够取得意想不到的艺术效果（图4-70）。

图 4-67　界面通过不同的材质、色彩表现，营造出空间的氛围

图 4-68　古朴与时尚结合，反映出空间的地域性与时代性

图 4-69　扎哈·哈迪德设计的广州歌剧院

图 4-70　暴露的梁架、管线使空间取得了意想不到的艺术效果

　　此外，顶界面上的灯具、通风口、扬声器和自动喷淋、烟感等设施也应该纳入设计的范围。要特别注意灯具的配置，因为它们的形式既可以影响空间的体量感和比例关系，灯光照明又能使空间具有或豪华、或朴实、或平和、或活跃的不同气氛。

4.3.4.4　当代室内界面设计的新理念

1. 几何形体的运用

　　几何形体有球体、立方体、圆柱体、圆锥体、方柱体和方锥体等几种基本形体，它们各自都具有不同的特性。如果我们对几何形体加以外力作用，进行拉伸、挤压，使基本形态变形，再加以重构、组合，便能产生出更多丰富的造型形态。在室内界面设计中，立方体、柱体、三角体等被运用得最多，这些形体在进行穿插组合时最为简便，具有可操作性，它们的使用及组合，变幻无穷，能使人产生美的感受，满足人们的审美需求，同时也能强调空间（图 4-71）。

2. 自由形态创造有机空间形象

自由形态是由自由曲线和自由曲面共同构成的一种物质形态，在空间设计中多表现为自由曲面体。自由形态具有曲线优美、流动感强、充满运动感等特征，运用得好，可使空间产生鲜明的节奏感和韵律感（图 4-72）。相对于平整的面，自由曲面更具有承受外力的能力，它以雕塑的技艺创造空间曲线，使整个空间中的墙、顶、地面无间地融合在一起，突出空间的流线型有机形态，空间具有流动性和开放性，赋予当代室内界面设计以独特的艺术魅力（图 4-73）。

3. 图形元素的视觉传达

图形元素在协调人类与现代室内空间之间的情感矛盾等心理效应方面，发挥着其他室内空间构成要素难以比拟的作用，它用新的艺术语汇来反映人类的情感诉求，成为界面设计中比较直接而且有效的方式。室内界面设计往往通过色彩的同一融合、图形在整个空间中的延伸、线条方向性的引导等方式对界面做虚化、柔化或掩饰处理，从而突出空间的设计主题，用一种平面设计时尚的专业语言，来表现四维

图 4-71　几何形体在空间中的应用

图 4-72　自由形态具有曲线优美、流动感强、
充满运动感等特征

图 4-73　流线型的有机形态，使空间具有了
流动性和开放性

的空间艺术，这种造型从整体性来看已经打破了界面上的平衡，形成一种新的视觉手段（图 4-74、图 4-75）。

图 4-74　通过色彩的图形延伸，突出空间的设计主题

4. 材料质地与纹理的丰富表达

界面设计往往通过材料纹理、质感和色调的处理等手段来表达。在界面材料质地与纹理表达上，原始、自然、质朴的木材，现代、高科技的金属和暧昧、舒缓的柔性材料都是很好的选择（图 4-76）。木材是一种纯天然的材料，便于加工和拼接，经济、环保，它的纹理、结构

图 4-75　图形的延伸打破了界面上的平衡，形成　　　　图 4-76　利用木材的原始、自然的特性来
一种新的视觉手段　　　　　　　　　　　　　　表现空间界面的柔性

给人以亲切感，并具有良好的视觉、触觉、听觉、嗅觉及调节特性等属性（图 4-77）。在越来越强调个性化设计的今天，装饰材料的质感表现已成为室内界面材质运用的新焦点。

5. 虚幻手法的介入

虚幻手法就是利用镜面反射和折射、光影效果、材料的透明性、高科技水幕等手法，淡漠界面轮廓，从而把人们的视线转向由这些手法所塑造的虚幻空间中。镜面能使空间扩大，增强空间的进深感（图 4-78）；透明

图 4-77　木材的纹理、结构给人以亲切感

材料能制造视觉上的通透感，使空间交融，产生空间的心理延续（图 4-79）。随着科技水平的提高，高科技的技术手段可以在物质层面上使界面模糊化，甚至将其隐匿，不仅是视觉上的感受，而且还扩展了人身体验的可能性，在室内界面透明的同时达到身体的跨越。近几年展览展示空间中经常出现的水汽幕布就是可跨越界面的最好媒介。

图 4-78　材料的反射和折射使空间产生虚幻的效果，增强了空间的进深感

6. 数字化技术对室内界面形态的颠覆

数字化技术是泛指将信息对象转化成数字信号，通过电脑存储、处理，由计算机网络进行传输的诸多软硬件技术，其在建筑设计行业中表现得尤为明显。从盖里设计的毕尔巴鄂古根海姆博物馆到扎哈设计的未来家居，无不渗透着高端数字化技术的运用，这些作品的出现体现了建筑师对空间构成、建筑形态、建筑内涵等的重新认知（图 4-80）。同时，在计算机和数字化技术的带动下，室内空间设计也得到空前的发展。数字化技术为界面设计带来了诸多新的可能性，使"复杂"不再令人感到遥不可及（图 4-81）。

图 4-79　玻璃的通透感使空间交融，产生了心理延续

图 4-80　扎哈设计的家具

图 4-81　数字化技术为界面设计带来了诸多新的可能性

4.4　中国传统建筑室内空间设计

　　中国传统建筑室内设计有着悠久的传统，这一传统是由丰富的设计实践和深刻的设计理论、观点组成的。中国传统建筑室内设计与中国传统建筑设计一样，都强调设计思想的内涵，具有其内在的文化意识和精神，这种文化意识和精神不仅是中华民族艺术设计的财富，而且对当下的"设计文化"具有一定的启示作用。

4.4.1　中国传统建筑室内形态的设计观

1. "宜设而设"与"精在体宜"

"宜"在中国传统艺术设计中是一个核心的概念，又体现着一种价值的标准。如计成在《园冶》中提出造园设计要"巧于因借，精在体宜"；李渔在《闲情偶寄》论述有关建筑、造物、陈设时亦以"宜"为准则，如"制体宜坚""宜简不宜繁""宜自然不宜雕斫""因地制宜"等；文震亨在《长物志》中亦强调"随方制象，各有所宜"。"宜"在诸家之论中，有共性的一面，又有不同的层次区别。大致可以分为三类：一是因地因人制宜；二是宜简不宜繁；三是宜自然不宜雕斫。因地因人而制宜，属于及物层面，是室内设计中实用的基本层次；宜简不宜繁提供着某一审美的向度和形式选择；宜自然不宜雕斫，则趋于某种独立的精神追求与人格建树。这三例又几乎形成中国传统室内设计的基本精神构架，具有历史的和现实的意义。

"宜"的深一层内涵是以自然之美为化境。自然含有素朴、本性、本质之意。明式家具的设计应是宜简不宜繁的设计观念的产物。明式家具简约至美的造型与样式成为我国家具发展史上的经典之作，虽然明式家具的种类千变万化，造型各异，而一以贯之的品格就是"简洁、合度"，并在这简洁的形态之中具有雅的韵味（图 4-82）。

图 4-82　黄花梨带束腰马蹄腿攒万字纹罗汉床

综上所述，"宜"是一种理性与感性追求的平衡，是实用价值与艺术审美价值实现的平衡，是设计师艺术与审美的自觉，亦是中国传统艺术精神的产物。

2. "删繁去奢"与"绘事后素"

中国艺术历来讲求意境，讲究境界，作为生活的艺术的室内设计，人们最终寻求的实质上是生活的艺术化。通过适宜的生活场景、环境建构，将自己的人格与精神追求物化于室内环境之中，使之成为其通向理想境界的基础。沈春泽在序《长物志》中写道，整部《长物志》仅"删繁去奢"一言足以序之。"删繁去奢"，也可以说是一种"适宜"，其思想底蕴即设计的最终出发点乃是"无物"的、心性的。"绘事后素"语出《论语·八佾》，子夏问曰："'巧笑倩兮，美目盼兮，素以为绚兮'，何谓也？"子曰："绘事后素。"孔子回答意思是说，绘饰之事虽然华丽纷然，但却是外在的、人为的、添加的；与那种本质性的"素"相比，素外表上好像平凡无色，却是一种胜过绘饰的本质之美，一种真正的美，一种体现了"大美无言，大象无形"的中国士大夫的文化追求。

3. "因景互借"与"整体设计观"

因景互借是中国传统建筑室内设计的主要方法之一。计成指出园林设计巧在因借，借是借外以补内，内外统一。古典园林景观存在互借，居室空间设计同样存有互借的问题。因景互借以至巧而得体，这实质上是一种整体设计观的产物（图 4-83）。

室内设计本身是一种空间的装饰艺术，空间建构形式和范围是随着人类思维和对象领域的扩展而扩展的，而且这种空间范围的扩展一直伴随着某种审美领域的扩大和精神追求的深度化，即在室内设计成熟发展之时，人的精神追求亦在不断提升。室内外整体设计及整体设计观念的产生，与中国人的艺术追求和审美理想分不开。

图 4-83　古典园林中的借景设计

　　因景互借，体现了中国传统建筑室内设计的一种整体观。居室、住宅、庭院，小环境和大环境统一在一起考虑，目的是实现一个艺术化的生活环境。

4.4.2　传统居住空间的设计类型

1. 厅堂

　　厅堂是中国传统建筑中重要的室内空间。计成在《园冶》中释解："堂者，当也。谓当正向阳之屋，以取堂堂高显之义。"传统厅堂的功能与现代居室中的起居室有相似之处，是会客的礼仪场所。

传统厅堂空间讲究空旷高大、庄严神秘，是聆听圣喻、借鉴教化、行规立矩之所。厅堂强调长幼、上下、尊卑、亲疏的等级差别，中轴线上设祖宗牌位、祖宗画像的悬挂，左右设置对称的家居陈设，这些都是伦理观念在空间的具体体现。

　　厅堂一般有正规礼仪厅堂和起居厅堂两种类型，因而有不同的平面布局，一般由一个中心区和两个辅助区组成。正规礼仪厅堂位于中轴线上，由供案、方桌、靠背扶手椅组成，是整个厅堂中的重点（图 4-84）；起居厅堂有起居功能，主要为家族或家庭内部使用。两者之间的区别在于：

图 4-84　传统建筑厅堂设计

起居厅堂省去一系列祖容、祖像、神龛、大供案等祭祀用具，仅余方桌双椅，或换成座榻，在功能上更加生活化。为了添补省略祭祀用具所造成的苍白，起居厅堂中往往设有大型的背景图式——屏风。

2. 卧房

卧房是居住环境中的休息场所，因为地域气候环境的不同，南北方卧房的设计和陈设差异较大，南方的卧房主要以床为中心，北方则以火炕为中心。

卧房作为私密性的休息场所，床构成了其室内用具的主体（图 4-85）。明清时卧室的床具主要有两种形式：一种是架子床，另一种是拔步床。拔步床的内部比架子床要复杂得多，床前面留有一块空间可以放置梳妆台、板凳、烛台，甚至于便盆，四面放下幔帐，便成为独立性很强的"屋中之屋"。但拔步床占用空间相对更多，必须有足够的卧室空间才能相容。

图 4-85　传统建筑卧房设计

卧房中除放床、炕以外，卧室家具还有衣架、盆架、巾架、镜台、柜橱、条桌案、屏风等。

3. 书房

书房是反映士大夫意念和理想的寄托及封建社会等级差别的地方，亦是其修身养性、钻研学问的地方。所以，书斋可以说是文人的生命。无论是在文人的园林中，还是在文人的居宅中，书斋的地位仅次于厅堂。它既是主人私密性的个人空间，也是携高朋知己畅谈论艺之地。书斋的设计多简洁、素朴大方，明文震亨在《长物志》中说到书房的布置"几榻俱不宜多置，但取古制狭边书几一，置于中，上设笔砚、香盒、熏炉之属，俱小而雅"。这是文人士大夫的追求（图 4-86）。

书斋有时也兼当卧房，所以室内空间灵活随意，大多不作严格的划分。书房家具主要有书架、罗汉床、亮格柜、书桌、书案以及小件文房四宝等。

总之，书房布局讲究自由随意，不受"礼制"束缚，室内陈设简单素朴，无世俗之气，再加上室外茂林修竹，营造出一个静雅脱俗的宜人空间。

图 4-86 传统建筑书房设计

4.4.3 传统居住空间的设计分隔手法

由于中国传统建筑采用木框架结构，除了围护用的外墙，室内并不需要承重墙体承重，这样就给室内空间的划分带来极大的灵活性。中国传统居住空间设计分隔手法千变万化，概括起来主要有以下几种形式。

1. 屏风分隔

屏风，古已有之。它最初的本意是把人们不想接触的东西挡在外面，或者把不想泄露的东西护在里面，"屏"最早代表的是"隔断"的意念，也可以说"隔断"不过是发展了"屏"的含义。古代屏风形式有立屏、折屏、围屏、挂屏、微屏等。屏风可用于分隔空间，也可作为主要人物、家具的背景（图 4-87）。

图 4-87 屏风

"屏"反映的是中国传统的空间观。用在室内是屏风，用在室外是照壁。在传统设计观上认为空间不是孤立、封闭和静止的，它总在特定环境中，和周围其他空间进行联系和交换，并在联系和交换中舒展自己的个性，充盈一种活力。"屏"正是达到这种虚幻之美、流动之美的最好方式。

在当代室内设计中，用得最多的是联立式屏风和装配式屏风。前者由数扇组成，扇间用铰链连接，打开时平面呈锯齿形，故能自立，多用于住宅、医院等；后者是工业化生产的产品，可根据需要到现场组装，多用于开敞式办公室。屏板可以是平的，也可以是曲的，覆面材料多为木材、塑料、皮革或纺织物。

2. 博古架分隔

博古架也称"多宝格""百宝架"，这种形式的家具或称隔断，在清代十分盛行。就其本身功能来说，它是陈列众多古玩珍宝的格式框架，但因其形式的通透性、尺寸的灵活性及作为整体所形成的极强的装饰性，可适应室内环境的不同而作适当的调整，在清代，它已成为分割室内空间的一种屏蔽形式。从博古架的名称和样式可知，它最初的主要功能应该是为了陈放古董一类的工艺品，如瓷器、铜器、木器等，它分格的大小，依据陈设物品的尺寸而定。博古架的材料往往多用较珍贵的硬木，工艺较精细，形式也比较有品位，它本身的形式和陈列的物品是主人品位的反映，也构成了室内最好的装饰（图 4-88）。

博古架在设计形式上灵活多变，根据它摆放的位置和陈设的物品而绝不雷同，当靠墙摆放时，仅具实用性和装饰性，是室内的一个背景，它的整体形状多为简单的方形，尽量减少占据的空间，

图 4-88　博古架

更多容纳物品，单面装饰；当立于室中兼具隔断功能时，形式变化会更加多样，有时用两个组合，之间设门洞，两面当对称性雕饰。门洞设于中间或是一旁，有圆形、方形、瓶形等多种形式，这种利用它玲珑剔透的特点和形式上的美感而用作室内隔断应该说是一个伟大的创举，也是隔断中具有实用性的形式。

3. 隔扇分隔

隔扇也叫碧纱橱，它由格心、裙板和绦环板等组成，是一种灵活性较强的活动隔断，一般用六扇、八扇等双数在进深方向排布。一色相近的格扇门很大气，其灵活性体现在遇有家庭、家族大型活动，如宴会等情况需要大空间时，或者因实际需要的变化而需对空间重新划分的时候，格扇可以随时活动搬移，在固定使用时，通常它的中间两扇像房门一样可以自由开关，并以此来决定室内空间联通与否，在可开启的两扇上往往还备有帘架，可以根据不同的气候和使用情况来挂帘子。

隔扇广泛用于中国传统建筑的外檐装修与内檐装修。无论是南方室内格门的工整细腻，还是北方室内格门的疏朗大气，通过它与周围环境产生的轻重、浓淡、虚实的对比，造成中国式的室

图 4-89　隔扇

内装饰美感（图 4-89）。

在当今室内设计中，有的使用传统色彩较浓的隔扇，以突出体现室内环境的中国韵味；有的则是在传统隔扇的基础上加以创新，即对传统隔扇加以简化和提炼，并使用一些新材料，这类隔扇往往既有传统色彩又有时代性。

4. 罩分隔

罩，是中国传统建筑内檐装修中常见的空间分隔物，与隔扇一样也是一种独具特色的空间分隔物。与隔扇相比，罩更轻盈，更通透。它既不阻隔交通，又不阻隔视线和声音，在很大程度上，更像是一种只有象征意义的要素。传统建筑中的罩种类繁多，顶部附着于顶棚，两侧沿墙或柱向下延伸的称为"落地罩"。落地罩多种多样，所谓"圆光罩""八方罩"和"蕉叶罩"等。罩两侧不落地时，专称"飞罩"，它多用名贵木材制成，雕刻成花纹者又可称"花罩"。除上述两大类外，还有"几腿罩""栏杆罩"和"炕罩"等。

罩不像隔扇那样可以开启闭合、拆卸自如，它是一种封闭式结构。罩对空间的划分是真正意义的象征性的、心理感觉上的限定，而并不是真正围合一定的空间。罩一般有三面围合，即上与顶棚连接，左右与柱式墙连接。这种分隔在空间划分上隔而不断，流动性强，层次丰富，更具装饰性，有一种朦胧的美（图 4-90）。

图 4-90　罩在空间划分上隔而不断，流动性强，层次丰富，有一种朦胧的美

思考与练习

1. 室内空间设计的形式语言有哪些？

2. 室内空间的限定手法有哪些？

3. 举例说明室内空间的动线与序列关系。

4. 举例说明室内设计新理念在现代室内空间界面中的应用。

5. 列出中国传统居住空间设计的类型，并阐述其各功能特点。

6. 中国传统居住空间分隔手法有哪些？

7. 试分析北京故宫中轴线空间组合关系，图文结合。

设计任务指导书

1. 题目：售楼处平面功能设计

2. 设计要求

（1）平面图要满足基本功能要求，包括室内家具、小品、绿化、摆件等；

（2）平面功能组织要具备空间体验感，从人的行为、空间流线、动静关系划分功能区域；

（3）建筑限高8m，室内层高≥3.6m；

（4）自拟开发商或业主，据此确定设计任务书；

（5）绘制方案构思草图及调研分析图解。

3. 功能分配

（1）一楼

①销售展厅≥300m²，与入口门厅联系，可设置接待台、服务台（茶点供应）、沙盘展示、户型模型展示等；

②洽谈区，要求半开敞，另设VIP接待；

③认购签约区，要求半封闭；

④员工休息室；

⑤样板房120m²，任选户型（集合住宅）；

⑥办公区。

（2）二楼

①总经理办公室1个，要求加套间，设置卫生间和休息室；

②10人小会议室1个；

③普通办公室6m×20m；

④销售部、财务室、规划室、档案室；

⑤公用卫生间，每层各设；

⑥楼梯间、走廊、储藏室。

4. 图纸要求

（1）A3草图纸，草图成套，图面清晰；

（2）各层平面布置图1:100（首层平面布置图要画出指北针、室内家具、隔断、地面铺装、绿化等）。

第 5 章

室内装饰材料
与色彩设计

5.1 室内装饰材料与应用

装饰材料是体现室内设计效果的重要组成部分，也是设计师进行设计思考的重要内容。材料不仅只是实现对空间环境的支撑、围合和分隔，而且还实现空间的功能和审美属性。材料与设计师的关系，从某种意义上讲，如同音符与音乐家、文字与文学家的关系，设计师不仅应熟知材料的物理性能、外观特点，还必须了解材料的各种结构的可能性和加工特点，以及与之相适应的施工工艺和价格问题，善于运用当今最新的物质技术手段，使之符合经济、美观、耐久等原则，完美地实现设计概念，以推动设计的向前发展。

5.1.1 室内常用装饰材料

5.1.1.1 木材类

木材是当前室内设计主要的装饰材料之一。其材质较轻，强度较高，有较好的弹性和韧性，能支撑围合空间，容易加工；木材外观纹饰自然、亲切、美观，不同树种具有不同的色泽和纹理；木材还是很好的绝缘材料，对声音、热、电都有较好的绝缘性。但木材也有易燃、易腐朽、易裂变、易遭虫蛀等缺陷，但这并不妨碍木材得天独厚的优越性。

现代室内装饰工程中，木材的使用极其广泛，用量极高。据统计，现代室内装饰，木材及木材加工产品的用量达到 50%～80%，如墙面、地面、吊顶龙骨、面层及绝大部分的家具、门窗、栏杆、扶手等处处都离不开木材的使用（图 5-1、图 5-2）。

木材按其内部构成可分为天然材料、人造材料和集成材料等。

1. 天然材

天然材分软木材和硬木材两种。软木材主要是指松、柏、杉等针叶树种，木质较软较轻，易于加工，纹理顺直较平淡，材质均匀，胀缩变形小，耐腐性较强，多用于家具和装修工程的框架（如龙骨等基层）制作；硬木材主要是指种类繁多的阔叶树种，包括枫木、榉木、柚木、曲柳、檀木等，多产于热带雨林，虽然易胀缩、翘曲而开裂和变形，但木质硬度高且较重，具有丰富的纹理和色泽，是家具制作和装饰工程的良好饰面用材。

图 5-1　木材在会议室空间中的使用

图 5-2　木材在儿童娱乐空间中的使用

2. 人造材

人造材是利用在木材加工过程中产生的边角碎料以及小径材等材料，依靠先进的加工机具和新的黏结技术生产的板材。这种板材具有加工简易、成本低、幅面大、表面平整等优点，其利用为木材的使用带来了新的革命。人造板材有以下品种。

（1）胶合板。胶合板是将原木经蒸煮旋切成薄片，用胶黏剂按奇数层数以相邻各层木片纤维纵横交叉的方向进行黏合热压而成的大幅面的人造板材。常用的有 3 厘板、5 厘板、9 厘板等。可作为基层面板来使用，也可制成饰面板贴在普通的衬底木板上来使用，是室内装修和家具制作的常用贴面板材（图 5-3）。

（2）纤维板。纤维板是用板皮、木渣、刨花等剩废料，粉碎后研磨成木浆，加入胶料，经热压成型等工序制成。由于成型时温度及压力的不同，又可分为硬质（高密板）、中硬质（中密板）、软质三种。内部组织均匀，握钉力较好，由于构造均匀，平整度极佳，不易翘曲开裂和变形，抗弯强度较高，表面还可以雕刻，铣形处理，多作为涂装或贴面基材使用。

图 5-3　人造材具有易加工、成本低、幅面大、表面平整等优点

（3）刨花板。刨花板是以刨花、木渣及其他短小废料切削的木屑碎片为原料，加入胶料及其他辅料，经热压而制成的板材。其强度较低，其握钉力差，边缘易吸湿变形和脱落，但平整度好，价格较低，多作为基材来使用。目前，国内板式家具大多数是利用刨花板制成。

（4）细木工板。细木工板又称大芯板，是由上下两层单板中间夹有木条拼接而成的芯板。其握钉力好，强度、硬度俱佳，但平整度稍差于纤维板和刨花板，一般作为贴面的基材来使用，是目前装饰工程中使用较多的基层板。

（5）欧松板。它是以小径材、木芯为原料，通过专用设备加工成刨片，经脱油、干燥、施胶、定向铺装、热压成型等工艺制成。欧松板与胶合板、中密度板、细木工板相比，具有无污染，膨胀系数小，稳定性好，材质均匀，握钉力高等优点，一般用于墙面、地面、家具等处（图 5-4）。目前，装饰工程中的常用胶合板、刨花板已基本被其取代。

（6）空心板。空心板是以木条、胶合板条或纸质蜂巢组成的几何孔格为芯料，两边覆以胶合板、塑料贴面板等，经胶压制成的板材。它具有形状稳定，质量轻等优点，但强度较低，适宜用

图 5-4　欧松板在室内装饰中的应用

作门板材料。

3. 集成材

集成材以小径料为生产原料，经过圆木切割成板材，经烘干制成板方条，再通过断料、选料、指接、拼接、后续处理等系列工序而制成。它是建筑、家具、装修等行业使用的一种新型基材，具有强度大、防火性能好、保温性能高等特点，多用于地板、门板、家具等的制作。

5.1.1.2　石材类

石材具有纹理美观、坚固耐用、防水耐腐等众多优点而得到广泛应用。它包括天然石材、人造石材两大类。

1. 天然石材

天然石材是利用从天然岩体中开采出来的块状荒料，经锯切、磨光等工序加工而成的板材装饰材料。天然石材有很多优点，外观不仅能传达自然纹理、色泽和质感等信息，还有结构致密、坚实、耐水、耐磨等物理性能。天然石材可广泛用于室内墙面、地面、柱面、楼梯踏步及各种台面板的装饰（图 5-5）。装饰工程常用的天然石材是大理石和花岗岩。

（1）大理石。大理石名称源于中国云南大理，俗称云石。大理石是由于高温、高压变质而成，属变质岩，硬度不大，抗风化性较差，耐候性不强，易受酸雨侵蚀，故不宜用于室外。但大理石容易切割、雕琢、磨光等加工，属于高级装饰材料，多用于酒店、办公、商场、机场、

图 5-5　天然石材在酒店装饰中的应用

车站等大型公共建筑的地面、墙面、柱面以及各种台面、楼梯踏步等处的铺贴。

（2）花岗石。花岗石属火成岩（深成岩），俗称麻石，材质坚硬，构造致密、坚硬耐磨、耐酸碱，不易风化，吸水率低，抗冻性好，但耐火性较差，多用于酒店、商场、办公楼等公共建筑的室内外各种台面、楼梯踏步等人流较多之处。一般而言，天然大理石中不含或少含微量放射性元素，而天然花岗岩含放射性元素的概率往往要大于天然大理石，某些花岗石中还会含有超标的放射性元素，对于这类花岗石应尽量避免用于室内。

2. 人造石材

人造石材是以不饱和聚酯树脂为黏结剂，配以天然大理石或方解石、白云石、硅砂、玻璃粉等无机物粉料，以及适量的阻燃剂、颜色等，经混合、挤压等方法成型固化制成的。与天然石材相比，人造石材具有色彩艳丽、光洁度高、纹理均匀、抗压耐磨、结构致密、坚固耐用、密度小、色差小、不褪色、放射性低等优点。人造石材作为一种新型饰面材料，已广泛应用于室内装饰工程（图 5-6）。

5.1.1.3　瓷砖类

瓷砖主要是由黏土等材料烧制而成，既具有造型的灵活性，又具有耐久性。陶瓷制品由于性

图 5-6　人造石材具有色彩艳丽、光洁度高、
　　　　纹理均匀等优点

能优良、坚固耐用、防水防腐且颜色多样，已成为现代建筑装饰的重要材料（图 5-7）。建材领域常见的陶瓷制品主要有墙砖、地砖、卫生陶瓷、琉璃制品等。

墙砖、地砖是建筑陶瓷中的主要品种，主要用于建筑物内外墙面、地面铺贴。墙砖和地砖有多种规格、形状和质地可供选择，其表面可利用彩绘设计出不同的色彩和凹凸的肌理，形成平面、麻面、单色、多色以及浮雕等图案，有些还可具金属光泽，表面可仿石材、木材、织物等多种质感纹理。墙砖规格有 1200mm×600mm、600mm×300mm、450mm×300mm、330mm×250mm、300mm×200mm 等，也可根据设计要求另行加工；地砖规格有 1200mm×600mm、900mm×300mm、1000mm×1000mm、800mm×800mm、600mm×600mm、500mm×500mm 等。

按其制作工艺及特色可分为釉面砖、通体砖、抛光砖、玻化砖及马赛克。不同特色的瓷砖当然有各自的最佳用途，对瓷砖知识有足够的了解，可以在室内装饰时做到有的放矢，物尽其用。

1. 釉面砖

釉面砖指表面烧有釉层的陶瓷砖，由于施有釉层，可封住陶瓷坯体的孔隙，使得其表面平整、光滑，而且不吸湿，提高了防污效果。釉面砖的颜色和图案丰富，主要用于建筑物的内、外墙面和地面的铺贴。另外，有些还配有阴角、阳角、压条等构件，用于转弯、收边等处的处理。但应慎重用于地面铺贴，因为其釉面易受磨损而失去光泽，甚至显露底胎，影响美观。

2. 通体砖

通体砖是一种本色不上釉的瓷质砖，硬度高，耐磨性极好。其图案、颜色、花纹丰富，并深入坯体内部，长期磨损也不会脱落，但制作时留下的气孔很容易渗入污染物而影响砖的外观。通体砖尤其适用于人流密度较大的商场、酒店等公共场所的地面及墙面铺贴。

3. 抛光砖

抛光砖是通体砖坯体的表面经过打磨而

图 5-7　瓷砖在卫生间装饰中的应用

成的一种光亮的砖，属通体砖的一种。相对通体砖而言，抛光砖表面要光洁得多。抛光砖坚硬耐磨，适合在除洗手间、厨房以外的多数室内空间中使用，如用于阳台、外墙装饰等。在运用渗花技术的基础上，抛光砖可以做出各种仿石、仿木效果。

4. 玻化砖

玻化砖是经过高温煅烧后进行表面打磨抛光而成的瓷质地砖。玻化砖硬度较高，耐酸碱，色差小。这种产品不含氡气，各种理化性能比较稳定，符合环境保护发展的要求，是替代天然石材较好的瓷制产品。玻化砖广泛用于起居室、餐厅等地面铺贴。

5. 马赛克

马赛克的专业名词为锦砖，分为陶瓷锦砖和玻璃锦砖两种。通常使用许多小石块或有色玻璃碎片拼成图案，一般规格为 20mm×20mm、30mm×30mm、40mm×40mm。马赛克的制作是一种最古老的艺术形态之一。由于它是被一块块排好粘贴在一定大小的纸皮上，以方便铺设，故也被称为"纸皮石"。陶瓷马赛克给人的感觉大多是比较高贵典雅，仿古效果极佳，所以它的用途十分广泛，现在新型的陶瓷马赛克主要用于高档宾馆、酒店的装饰；玻璃马赛克是一种小规格的彩色饰面玻璃，由天然矿物质和玻璃粉制成，是杰出的环保材料。它具有耐酸碱、耐腐蚀、不褪色、色调柔和、美观大方等优点，多用于酒店大堂、歌舞厅、游泳池、浴池、体育馆、厨房、卫生间等处（图 5-8）。

图 5-8　马赛克具有耐酸碱、耐腐蚀、不褪色、色调柔和、美观大方等优点

5.1.1.4　金属类

金属材料是指一种或一种以上的金属或金属元素与某些非金属元素组成的合金的总称。与其他材料相比，金属材料具有强度高，力学性能优良，坚固耐用等优点。金属可通过不同加工方式，可形成光泽感和夺目的亮面、亚光面以及斑驳的锈蚀感。金属的加工性能良好，可塑性、延展性好，可制成任意形状（图 5-9）。

金属一般分为黑色金属（包括铁及其合金）和有色金属（即非铁金属及其合金）两大类。

图 5-9　金属可塑性、延展性好，可制成任意形状

1. 黑色金属材料

（1）铁材。铁材有较高的韧性和硬度，主要通过铸锻工艺加工成各种装饰构件。在新艺术运动时期铁材常被用来制作各种铁艺护栏、装饰构件、门及家具等。含碳 2%～5% 的称为铸铁，铸铁是一种历史悠久的材料，硬度高，熔点低，多用于翻模铸造工艺，将其熔化后倒入模型可以铸成各种想要的形状，是制造装饰构件理想的材料；含碳 0.05%～0.3% 的铁称为锻铁，硬度较低，熔点较高，多用于锻造工艺。

（2）钢材。钢材是由铁和碳精炼而成的合金，和铁比较，钢具有更高的物理和机械性能，具有坚硬、韧性、较强抗拉力和延展性。大型建筑工程中钢材多用以制成结构框架，如各种型钢（槽钢、工字钢、角钢等）、钢板等。

钢在冶炼时加入铬、镍等元素，会提高钢材耐腐蚀性，这种以铬为主要元素的合金钢称为不锈钢。目前，装饰工程中常见的不锈钢制品主要有不锈钢薄板及各种管材、型材。使用最多的是 2mm 以下厚度的不锈钢板，其表面经不同处理可形成不同的光泽度和反射性，如镜面、拉丝等。不锈钢制品多用于建筑门窗、护栏扶手、厨具、洁具以及各种五金件等（图 5-10）。

图 5-10　不锈钢在护栏设计中的应用

2. 有色金属材料

（1）铝合金。铝属于有色金属中的轻金属，银白色，质量较轻，具有良好的韧性、延展性、塑性及抗腐蚀性。纯铝强度较低，为提高其机械性能，常在铝中加入铜、镁、锰、硅、锌等一种或多种元素制成铝合金。铝合金广泛用于建筑装饰和建筑结构。铝合金管材、型材多用于门窗、护栏、扶手、吊顶龙骨、嵌条等五金件的制作；铝合金装饰板多用于墙体和吊顶材料，包括铝塑板、铝合金扣板、微孔铝板、铝合金格栅等。

（2）铜。铜是人类最早使用的金属材料之一。商代和西周是我国历史上青铜冶铸的辉煌时代，当时人们利用青铜熔点低、硬度高、便于铸造的特性，为我们留下大量造型优美、制作精良的艺术精品。铜耐腐蚀，塑性、延展性好，也是极好的导电、导热体，广泛用于建筑装饰及各种零部件的制造。铜也是一种高雅华贵的装饰材料，铜的使用会使空间光彩夺目，富丽堂皇，多用于室内的护栏、灯具、五金的制造。

5.1.1.5　玻璃类

玻璃是一种坚硬、质脆的透明或半透明的固体材料，主要由石英砂、纯碱、长石、石灰石等原料经高温熔解、成型、冷却而制成。玻璃通过加热或熔化具有高度可塑性和延展性，可以被吹大、拉长、扭曲、挤压或浇铸成各种不同的形状。玻璃具有优良的光学性能，既会透过光线，也会反射和吸收光线，玻璃的反映光线和自然环境的性质使其本身就具有很高的装饰作用。在现代建筑中，玻璃已成为设计师们不可缺少的建筑装饰材料（图 5-11、图 5-12）。

目前，玻璃已由单一的采光功能向多功能方向发展，通过某些辅助性材料的加入，或经特殊工艺的处理，可制成具有特殊性能的新型玻璃，如用于减轻太阳辐射的吸热玻璃、热反射玻璃，用于保温、隔声的中空玻璃等，来达到节能、控制光线、控制噪声等目的。通过雕刻、磨毛、着色及雕饰纹理等方式还可提高其装饰效果。

玻璃按使用性能和表面效果可分为以下 9 类。

1. 透明玻璃

透明玻璃又称白片玻璃，它具有透光、透明、保温、隔声、耐磨等性能，主要用于装配建筑门窗。

2. 毛玻璃

毛玻璃是经研磨、喷砂等加工方式，使表面成为均匀粗糙（也可形成某种图案）的平板玻璃。用硅砂、金钢砂等作研磨材料，加水研磨而成的称磨砂玻璃；用压缩空气将细砂喷射到玻璃表面，产生毛面的玻璃称喷砂玻璃。由于其表面粗糙，会使透过的光线产生漫射，虽然透光但不透视，既保持私密性，还使室内光线柔和而不致眩光刺眼。毛玻璃多用于办公空间、医院、卫生间的门窗、隔断等处。

图 5-11　玻璃的反射光线和自然环境的性质使其本身就具有很高的装饰作用

图 5-12　玻璃的透明性使办公空间显得更加开放

3. 压花玻璃

压花玻璃是将熔融的玻璃在冷却硬化前，用刻有图案花纹的辊筒在玻璃的单面或两面压出深浅不一的花纹，又称花纹玻璃或滚花玻璃。压花玻璃不但图案具有装饰效果，还有利于形成私密性，多在室内做隔断使用。

4. 彩色玻璃

彩色玻璃是将玻璃熔解后加入一定的金属化合物使其带色。早在 2000 多年前就已出现彩色玻璃。中世纪以来，彩色玻璃就一直是基督教建筑的重要组成部分，在 12 世纪和 13 世纪时已得到高度发展。19 世纪晚期的维多利亚时期和新艺术运动时期，建筑的窗子和灯罩等照明装置以及花瓶等饰物中，也广泛地运用了彩色玻璃。

5. 镀膜玻璃

镀膜玻璃又称热反射玻璃，其遮光隔热性能良好，不仅可以节省空调能源，还能起到良好的装饰效果。镀膜玻璃多用于建筑的门窗和幕墙，具有单向透像性能，迎光面具有镜子特征，背光面又如普通玻璃般透明，对室内能起到遮蔽和帷幕作用，但使用面积过大、过多也容易造成"光污染"。

6. 吸热玻璃

吸热玻璃通过加入着色剂或喷涂有色薄膜制成，有多种颜色，如灰色、茶色、蓝色、绿色、红色、金色等，有隔热、防眩光功能，可增加建筑物的美感。吸热玻璃能够吸收太阳光谱中的热作用较强的红外线，避免室内温度升高，可节约空调能耗，还可吸收太阳光谱中的紫外线，能减轻紫外线对人体和室内物品的损害，多用于建筑门窗和幕墙。

7. 中空玻璃

中空玻璃是使用两层或两层以上的玻璃制成的（通过胶接、焊接或熔结等手段封闭四周，玻璃之间留有间隙并充以干燥或惰性气体，以免产生凝结水或进入灰尘），对于保温、隔声等功能具有一定提高作用。

8. 钢化玻璃

钢化玻璃是将普通平板玻璃通过物理或化学方法来提高玻璃的强度。钢化后的玻璃，机械强度高，抗冲击，弹性好，热稳定性好，急冷急热也不易炸裂，破碎时会形成没有尖锐棱角的小块，不易伤人。钢化玻璃不能切割、磨削、边角不能碰击扳压，只能按设计尺寸加工定制，常用来制作建筑的门窗、护栏、隔断及家具等构配件。

9. 夹层玻璃

夹层玻璃是由两片或多片平板玻璃之间嵌夹透明塑料衬片，经热压、黏合制成的平面或曲面的复合玻璃。夹层玻璃层数往往有 2 层、3 层、5 层、7 层，最多可达 9 层，透明性好，抗冲击性要高于平板玻璃几倍，破碎时不会裂成分离的碎片，只有辐射状的裂纹和少量的碎屑，且碎片粘在衬片上不致伤人，还可以控制太阳辐射以及隔声。可用来制成汽车和飞机的挡风玻璃、防弹玻璃及有某些特殊要求的场合的门窗、隔墙，如银行、水下工程、高压设备观察窗等。

5.1.2 装饰材料应用的基本原则

由于装饰材料种类繁多，不同功能的建筑空间，对设计要求和装修档次的要求不同，在材料选择时也会随着设计的变化而有所改变。为了确保装饰工程设计的质量、效果和耐久性，应根据不同档次的装修要求，正确而合理地选用装饰材料。选用材料时通常应遵循以下几个原则。

1. 实用原则

根据室内的具体使用功能、环境条件及使用部位，选择的材料应符合防水、防滑、防腐、抗冲击、耐磨、抑制噪声、隔热、阻燃及反光、透光、耐酸碱腐蚀等具体要求。另外，作为装饰材料应具有一定的强度和耐久性，对建筑物应起到一定的保护作用。

2. 美观原则

不同的材料对于人的视觉、触觉等感官刺激有很大区别，包括材料的形状、色彩、质地、图案以及轻重、冷暖、软硬等属性，都会引起人们不同的生理和心理反应。材料选择应符合人的生理及心理要求。空间环境的氛围和情调的形成，很大程度上取决于材料的本身形式、特点，这里不仅包括材料本身所具有的天然属性，还有对材料的人为加工以及不同施工方式所形成的外观形式特点。

3. 经济原则

装饰材料的运用，还必须考虑一个不容忽视的问题——装饰造价。从经济角度考虑材料的选择，应有一个总体观念，既要考虑一次性投资的多少，也要考虑到日后的维修费用。如有时宁可适当加大一次性投资，以此来延长使用年限，从而达到总体上的经济性。

4. 安全、环保原则

作为设计师有责任避免使用对人体健康有害及具有潜在危险的材料，如含有较高放射性元素的石材、易燃及容易散发有毒气体（甲醛、氡等）的不合格或劣质材料等，这项工作可借助环保监测和质量检测部门进行检验，以保护业主和使用者的利益。

近年来，市场上涌现出大量的新型、美观、适用、耐久、价格适中的装饰材料，既满足了室内空间环境的美观，又满足了经济实用的建设要求。优美的室内环境效果，不在于高档奢侈的材料堆砌，而在于体察材料内在构造和美的基础之上，精于选材，贵在材料的合理配置及其质感的和谐运用。特别是对那些贵重而富有魅力感的材料，"画龙点睛"是充分发挥其装饰性的最佳手法。

5.1.3　装饰材料在界面上的应用

5.1.3.1　常用地面装饰材料

地面装饰材料主要包括地砖、石材、地板、地毯等。

1. 地砖

地砖包括陶砖、瓷砖、陶瓷及玻璃马赛克等。地砖的花色品种较多，有多种色彩、花纹、形状可供选择。地砖还具有防水、防腐、耐热、强度高、耐磨、容易维护等优点，但不具弹性，保温及吸声性差。地砖适用于人流较大以及潮湿等环境，如门厅、商场及餐饮、厨房、卫浴等处。

2. 石材

天然石材常用的有大理石、花岗岩等。厚度多为 20mm 左右，大小则可根据房间尺寸来定，其表面既可抛光，也可凿毛或火烧处理。石材耐磨损，视觉感官精美豪华，不同类型石材常常混用，通过不同色彩、质感、线形变化达到独特效果（图 5-13）。

3. 地板

地板包括实木地板、复合木地板、竹地板及塑胶地板等。木地板具有质量轻、温暖、弹性好、外观自然等优点而受欢迎，但不适合过度潮湿的环境，适用于住宅、办公等空间使用。

（1）实木地板。实木地板多为实心硬木制成，弹性好、脚感舒适，自重较轻，保暖性好，外观自然。实木地板包括条木地板和拼花木地板两种。条木地板可凸显房间的进深（图5-14），拼花木地板可在地面拼出不同的图案，以丰富视觉感受。

（2）复合木地板。复合木地板包括强化复合木地板和实木复合地板。强化复合木地板以中、高密度纤维板为基材，由表面的耐磨保护层和装饰层以及防潮底层经高温叠压制成，有坚硬耐磨、防潮、防蛀、铺装简单等特点，多用于商场、办公、居室的铺装；实木复合地板多为三层实木压合而成，也有以多层胶合板为基层的多层实木复合地板，表面采用花纹、色泽较好的硬木面层，中间层和底层采用软杂木。实木复合地板有启口槽，有实木地板的外形特点，透气性和脚感要好于强化复合木地板。

（3）竹地板。竹地板是以天然优质竹子为原料，脱去竹子原浆汁，经高温高压拼压烘干而成。竹地板自然美观，硬度大，还具有防潮、耐磨、防燃、弹性好、防虫蛀等优点，铺设后不易开裂和胀缩变形，主要应用于家居、写字楼、宾馆及部分娱乐场所。

（4）塑胶地板。塑胶地板也称为PVC地板，具有质轻、耐磨、阻燃、弹性好、行走时噪声小、防水、施工简易、价格低廉、容易维护等优点，且颜色、图案选择范围广，色彩丰富，可根据需要拼成不同的图案，适用于办公、场馆、医院、商场、住宅等处。聚氯乙烯是塑胶地板中使用最为广泛的材料。塑胶地板既有块材也有卷材，既有多层结构也有同质结构，施工时可用胶黏剂粘贴在处理好的平整的基面上。

4. 地毯

地毯具有良好的抑制噪声功能，还有温暖、弹性好、防滑等优点，特殊的质地和色泽使其呈现出高贵和典雅，且图案、花色繁多，铺设工艺简单，更新方便，是一种既实用又具装饰性的中高档的地面装饰材料。缺点是不耐脏，易滋生细菌，且不易保养。地毯主要适用于宾馆、酒店、

图5-13 天然石材的肌理效果使界面质感更加强烈

图5-14 条木地板可凸显房间的进深，丰富了视觉感受

写字楼及住宅等室内地面的铺贴（图 5-15）。地毯按其规格进行分类有块状地毯和卷材地毯；按材质进行分类有纯毛地毯、化纤地毯和混纺地毯等。

图 5-15　地毯在酒店客房地面中的应用

5.1.3.2　常用墙面装饰材料

用于墙面的装饰材料品种繁多，主要包括涂料、壁纸、墙砖、木材、石材、玻璃等。

1. 涂料

涂料是涂于物体表面能形成具有保护、装饰的固态涂膜的一类液体或固体材料的总称，包括油性漆和水性漆。油漆是以有机溶剂为介质或高固体、无溶剂的油性漆；水性漆是可用水溶解或用水分散的涂料。涂料作为室内外装修的主材之一，在装饰装修中占的比例较大，购买涂料的合格与否直接影响到整体装修效果和室内环境，有时甚至会对人体的健康产生极大的影响。装饰涂料按使用部位可分为内墙涂料和外墙涂料两种。

内墙涂料用于室内墙面装饰，常用的装修涂料是乳胶漆。乳胶漆即乳液性涂料，按照基材的不同，分为聚醋酸乙烯乳液和丙烯酸乳液两大类。乳胶漆以水为稀释剂，是一种施工方便、安全、耐水洗、透气性好的涂料，它可根据不同的配色方案调配出不同的色泽。

外墙涂料主要用于室外墙面装饰。外墙涂料用于涂刷建筑外立面的最重要的一项指标就是抗紫外线照射，要求长时间照射不变色。外墙涂料还要求有抗水性能，耐污、耐冲洗。外墙涂料能用于内墙涂刷使用是因为它也具有抗水性能，而内墙涂料却不具备抗晒功能，所以不能把内墙涂料当外墙涂料用。

2. 壁纸

壁纸有许多合成材料和纤维材料可供选择，并且更加耐磨、耐擦洗，以及更容易被粘贴和撕除。壁纸的色彩、纹理、质感多样，可有效掩饰墙面的缺陷，施工时工效高、工期短。壁纸不仅广泛用于墙面装饰，也可用于顶棚饰面，是目前国内外使用量较大的一种饰面材料，广泛用于住宅、办公室、宾馆的室内装修等。

图5-16 青砖与木材搭配，空间显得协调、稳重

图5-17 大面积的木材界面可作为背景，以此突出
室内空间中的装饰部件

3. 墙砖

墙砖适用于门厅、洗手间、厨房、室外阳台的立面装饰。贴墙砖主要是为了保护墙面免遭水溅。它们不仅用于墙面，用在踢脚线处的装饰上，同时也是一种有趣的装饰元素。用于水池和浴室的瓷砖，要美观、防潮和耐磨兼顾。不同的房间，适用于不同的墙砖，选择的依据是房间的使用性质、结构形状、面积大小以及室内采光的好坏（图5-16）。

4. 木材

木材作为室内装饰中的主体材料已广泛应用。它能给人一种回归自然的感觉，增加生活气息和亲切感。常用的木材有红木、花梨木、水曲木、枫木、橡木、胡桃木、斑马木等。由于木材的种类不同，其特点和纹理颜色也不相同，因此对相应的材料要进行了解、调查，进而掌握不同木材的变化规律和特点，才能做到胸有成竹，得心应手（图5-17）。

5. 石材

石材成本相对较高，坚固、美观、耐磨防水，易反射声音。

6. 玻璃

玻璃的特点是透明、开阔，但易碎、保温性差。

5.1.3.3 常用顶面装饰材料

室内顶棚除了原顶，多数情况下还是采用吊顶处理。原顶一般采用涂料、壁纸等饰面材料在底面上直接进行装饰，而吊顶除了要使用上述饰面材料外，还要有吊筋、龙骨及饰面材料等组成的复杂的吊顶系统，这些材料多为工厂预制，因此施工方便快捷。

1. 龙骨

龙骨是吊顶的支撑骨架，承受吊顶的全部荷载。常用的吊顶龙骨有木龙骨和轻金属龙骨两种。木龙骨常以松木或杉木为材料，易加工，并能够制成各种复杂造型，但由于木材易燃，表面须做防火处理；轻金属龙骨包括由镀锌薄钢板，彩色喷塑钢板轧制成的轻钢龙骨以及用铝合金板材加工成的铝合金龙骨两类，产品系列化，配件齐全，安装简易、快捷，并具有刚度大、自重轻、防火等优点。

2. 纸面石膏板、矿棉板

纸面石膏板是以建筑石膏为主要原料，掺入适量添加剂与纤维做板芯，以特制的板纸为护面，经加工制成的板材。纸面石膏板具有质量轻、隔声、隔热、加工性能强、施工方法简便的特点，主要用于吊顶的基层处理，也用于室内隔墙等。

矿棉板以矿渣棉为主要原料，加入适量胶黏剂等辅助材料，经热压、烘干、饰面等工艺制成，表面花纹有滚花、压花等立体花饰，无须再做饰面处理。矿棉板有很好的吸声效果，以及质轻、防火、保温等优点，施工方便，多用于办公、医院、商场等场所。

3. 金属装饰板

金属装饰板是由一定厚度的金属板（多为不锈钢板、镀锌钢板、铝合金板）为基材经冲压成型，表面通过镀锌、涂塑和涂漆以及打孔等方式制成的吊顶材料。金属板自重轻、强度高、防水、防潮，构造简单，组装灵活，通过搁置、卡接、钉固等方式与龙骨连接配合。金属装饰板包括各种金属条板、金属方板、金属微孔吸声板（利用孔洞可吸声降噪）、金属格栅、铝塑板等（图 5-18）。

4. 木材

用于顶面装饰的木材主要包括各种规格和不同品种的木条、木板等（图 5-19）。

图 5-18　金属微孔吸声板在顶棚界面中的应用　　　图 5-19　木质材料在空间界面的应用

5.1.4　室内设计选材应注意的问题

1. 了解材料属性，正确把握施工工艺

室内设计师进行设计之前必须对材料的属性，相应的工艺做法，施工难易度有足够的了解。如果设计师对材料及工艺不够了解，施工中可能会给工作带来不必要的损失。因此，只有对材料及施工做法有足够的了解，才能在实际工程中不会出现无法施工或者施工效果与设计效果出入较大而停工返工等情况，避免造成无谓的浪费。

2. 把握材料市场动态，合理使用新老材料

室内设计师要了解新型材料的环保性能，材料属性，在充分了解的情况下尽可能地使用新型材料以达到推陈出新的效果，在设计上实现环保，提升设计的效果。在保证设计要求的同时，应使用造价较低，施工工艺较简单，环保性较高的旧材料。装饰设计不一定追求奢华，要做到物尽其用才是一个合格的设计工作者。

3. 考虑安全因素，不应盲目追求效果

在进行室内设计时，不应为了片面追求使用某种材料带来某方面的效果，而忽略其带来的副作用。例如，大型商场等人流集中地带必须要考虑其安全性能，地面不能过于光滑，否则会致人摔伤。又如住宅室内设计中的影视墙，往往营造成富丽堂皇的效果，满足了部分追求豪华奢侈的业主的要求，但因为过度装修带来了环境污染，对业主健康造成了威胁而得不偿失。

4. 打破单一思维，发掘材料的多样性

如果认为材料只有其固定的适用范围，就不能充分发挥材料的功能和推陈出新，就会影响设计能力的提升，遏制设计的发展。室内设计应在安全环保的前提下，充分发掘材料的多样性，在设计中合理搭配材质，应用得当的设计往往能够达到使人耳目一新的感觉。

5. 及时了解新型材料，不应一味守旧

在进行室内设计时，如果不清楚材料市场的动向，保守地使用将要淘汰的材料，就会使设计的作品无论从新意上还是从安全性、环保性上都受到制约。社会飞速发展的今天，新兴的装饰材料层出不穷，其中的大部分材料其物理性能、安全性能、装饰性能都有了大幅的提升。作为一名合格的设计师，理应了解新型材料的各种性能，在实际的设计中予以应用。

5.2 室内环境色彩设计

在室内设计中，有效地选择材料的品种固然重要，但依附于材料的色彩对空间的氛围影响也是不可低估的。室内空间或富丽堂皇，或简洁淳朴、淡雅清新，这些都与墙面、地面、顶棚的色彩以及家具、陈设、织物、灯光的色彩有关。这是因为室内设计所涉及的空间形态、家具、照明等各个方面，最终都要以形态和色彩来体现。形态与色彩密不可分，空间、家具和设备的形态再好，如无好的色彩表现，终难给人以美感。反过来说，形态、家具和设备的某些缺欠，却可以通过色彩处理，在不同程度上加以弥补和遮掩。

新的研究表明，色彩的作用远远不止这些，它还具有实际价值、物理作用、生理作用和心理作用。因此，对室内色彩的研究必须逐步地从定性研究向定性、定量相结合的研究过渡，从一般的主观评价向主观评价与科学检测相结合的方向过渡，使室内色彩设计建立在更加科学的基础之上。

5.2.1 色彩的心理感知

对不同的色彩，人们的视觉感受是不同的，这不仅是由于物体本身对光的吸收和反射不同的效果，而且还存在物体的相互作用的关系所形成的错觉。充分利用色彩的这种特性，可以重新"塑造"空间，弥补室内设计的某些缺陷，改善空间环境。

1. 色彩的冷暖感

色彩本身是没有温度的，但是由于人们根据自身的生活经验所产生的联想，赋予了色彩特定的内涵。有的色彩使人感到温暖，有的色彩使人感到寒冷，这主要是由色相引起的感觉。如人们看到红色、黄色、橘红色等色彩会联想到阳光、火焰、暖和、炎热，而看到蓝色、青绿色和蓝紫色通常会联想到夜空、寒冬、大海、凉爽。暖色给人一种膨胀感；冷色给人一种退缩感；暖色能补偿光线不足，可改变朝北或者较阴冷的室内感受；而冷色可使闷热的室内感觉上更凉爽、舒适（图 5-20、图 5-21）。无彩色系中，白色偏冷，黑色偏暖，灰色为中性色。色彩的冷暖是相对而言，相对比而存在的。

图 5-20　高明度的暖黄色与灰色搭配，　　　　　　　　图 5-21　大面积的冷色使空间显得凉爽、舒适
　　　　　使过廊充满了活力和朝气

2. 色彩的距离感

色彩有进退、远近的不同感觉，一般而言暖色系和明度高的色彩具有前进、凸出的感觉，而冷色系和明度较低的色彩具有后退、远离的感觉。浅亮的色彩能够造成一种开阔感，使室内空间显得更为宽敞，而深暗的色彩则把各个墙面拉近，使室内空间看上去更趋小巧舒适，而深沉的色调会给室内空间造成忧郁感（图 5-22、图 5-23）。

图 5-22　明亮的色调与鲜亮色彩搭配在一起，　　　　　图 5-23　深沉的色调给室内空间造成忧郁感
　　　　　给空间造成一种开阔感

图 5-24　在狭长的过道采用高明度的暖色，
可使该区空间显得亲切、温暖

3. 色彩的尺度感

暖色和明度高的色彩具有扩散作用，因此物体显得大；冷色和暗色则具有内聚作用，因此物体显得小。运用色彩的尺度感可有效地调节空间环境，例如改变房间狭长的空间缺陷，可在短墙上用暖色，而在长墙上用冷色，因为暖色具有向内移动感（图 5-24）。要改变过于方正的空间状况，可满铺色彩深浅适中的较为柔和的中性色地毯，墙面用较淡的色彩，顶棚用白色，而门框及窗框采用与墙面相近或相同的色彩可有效地调节空间感受。除此之外，色彩的尺度感还体现在用光上，暖光使空间显得温暖、欢乐、活跃；冷光使空间显得凉爽、冷静；太亮的光容易破坏环境；柔弱的光使空间显得亲切。

4. 色彩的轻重感

色彩的轻重感其实也是人的一种心理感觉，主要是由色彩的明度引起的。明度高的色彩感觉轻快爽朗，空间变大，如粉红、浅绿色；明度低的色彩感觉空间收缩，沉重厚实，如黑色、熟褐等。在明度相同的情况下，彩度高则感觉轻快，反之则较沉重。另外，相对而言，彩度高的暖色感觉较重，彩度低的冷色感觉较轻（图 5-25）。

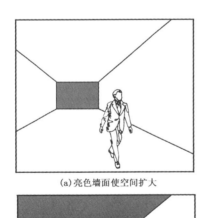

(a) 亮色墙面使空间扩大

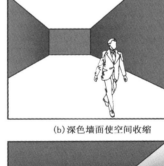

(b) 深色墙面使空间收缩

(c) 深色顶棚压低了空间

(d) 两侧的墙面照明后，墙好像升高了

图 5-25　在相同的界面中使用不同的色彩及照明会引起人的心理变化

5. 色彩的联想

人们会根据自己的生活经验、记忆或知识对色彩产生一些联想，这种联想会因为个体和民族的不同而产生差异，但一般来说有一定的共性，如表 5-1 所示。

表 5-1　色彩的联想

名称	抽象联想	具体联系
红	热情、革命、危险	火、血、太阳、苹果
橙	华美、温情、嫉妒	橘、柿、炎、秋
黄	光明、幸福、快活	光、柠檬、香蕉
绿	和平、安全、成长	叶、田园、森林
蓝	沉静、理想、悠久	蓝天、大海、南国
紫	优美、高贵、神秘	紫罗兰、葡萄
白	洁白、神圣、虚无	雪、白云、砂糖
灰	平凡、忧恐、忧郁	阴天、鼠、铅
黑	严肃、死灭、罪恶	夜、墨、煤炭

6. 色彩的象征

色彩不但能使人产生联想，而且由于文化背景的影响，往往还具有一定的象征意义。例如在我国古代，色彩象征着人们的地位，如黄色专供皇家所用，其余阶层不能僭越，违者要受到严究。此外，同一色彩在不同的文化背景中对于不同的民族而言有时会产生不同的象征意义，如表 5-2 所示。

表 5-2　各民族对色彩象征的不同理解

名称	中国	日本	欧美	古埃及
红	南（朱雀）、火	火、敬爱	圣诞节	人
橙			圣诞节	
黄	中央、土	风、增益	复活节	太阳
绿			圣诞节	自然
蓝	东（青龙）、木	天空、事业	新年	天空
紫			复活节	地
白	西（白虎）、金	水、清净	基督	
黑	北（玄武）、水	土、降伏	万圣节前夜	

5.2.2　室内环境色彩的作用

室内环境色彩不仅是创造视觉的主要媒介，而且在创造内部空间环境的实际功效方面也发挥着重要的作用，归纳起来主要由以下 4 个方面。

1. 室内环境色彩的心理作用

色彩的心理作用主要表现在两个方面，即悦目性与情感性。它们可以给人以美感，能影响人们的情趣、引发联想。前者主要表现在不同年龄、性别、民族、职业的人，对于色彩悦目性的挑选就不相同，一般儿童、年轻人喜爱悦目色，中老年相反（图5-26）；女性喜用悦目色，男性次之；少数民族喜用悦目色，汉族次之等。而后者主要表现在色彩能给人们以联想，并且随着人们的年龄、性别、文化程度、社会经历、美学修养的不同，对色彩所引起的联想也是各不相同的。

2. 室内环境色彩的标识作用

室内环境包彩的标识作用主要体现在以下4个方面。

（1）安全标志——为防止灾害和建立急救体制而使用，虽然国际上尚未统一规定，但各国都有一些习惯性的使用手法。

（2）管道识别——在室内环境设计中，将不同的色彩涂饰到不同的管道上，将有助于管道与设备的使用、维修和管理工作的展开（图5-27）。

图 5-26　高明度的悦目性色彩更能引起儿童的兴趣　　图 5-27　管道与设备涂饰色彩有利于识别

（3）空间导向——在建筑内部大厅、走廊及扶梯等场所沿人流活动的方向铺设色彩鲜艳的地毯、设计方向性强的彩色地面，即可提高交通线路的明晰性，更加明确地反映出各空间之间的关系（图5-28）。

（4）空间识别——在高层建筑中，可用不同的色彩装饰楼梯间及过厅、走廊的地面，使人们易识别楼房的层数；在商业建筑营业空间中则可用不同的色彩来显示各种营业区域等。

3. 室内环境色彩的调节作用

色彩的调节作用主要体现在对空间与光线两个方面上，对空间的调节就在于能使人们在内部空间中获得安全、舒适与美的享受，从而有效地利用光照，使人易于看清，并减轻眼睛的疲劳，提高人们的注意力。色彩的调节还能提高人的工作效率，为内部空间创造出更加整洁的环境（图5-29）；而光线的调节主要对内部空间的明暗的强弱进行一定程度的调整，使室内光线的效果得到适当改善。事实上室内各界面色彩在光线的照射下有不同的反射率，白色的反射率为60%～90%，灰色的反射率为10%～60%，而黑色的反射率则为10%以下，因此可以根据不同室内空间的采光要求，选用不同的色彩对室内光线进行调节。

图 5-28　扶梯侧面采用鲜艳的色彩，
　　　　　能提高交通线路的明晰性

图 5-29　根据不同空间的功能采用不同的色彩，
　　　　　能提高人们的注意力和工作效率

4. 室内环境空间的个性体现

在色彩设计中，可以根据空间使用者的不同职业、不同年龄，以及空间的不同氛围需求等选择不同的色彩，以此创造相应的室内空间个性，满足使用者不同的生理和心理要求。例如，在工作和休息场所，一般都选用比较淡雅的色彩，以此为人们创造一个相对安静的环境（图 5-30）；而在小学或中学一般选择符合孩子心理的鲜艳色彩导入室内，从而打造一种鼓舞人心的学习环境，为学生营造一个舒适和轻松的氛围（图 5-31）。

图 5-30　淡雅的色彩，能创造一个相对安静的环境

图 5-31　选择符合孩子心理的鲜艳色彩导入室内，
　　　　　能为学生打造一种鼓舞人心的学习环境

5.2.3 室内色彩设计的基本原则

室内色彩设计要综合考虑功能、美观、形式、建筑材料等因素，还要注意地理、气候、民族等特点。室内色彩设计应遵循以下原则。

1. 充分考虑功能要求

由于色彩具有明显的生理作用和心理作用，能直接影响人们的生活、生产、工作和学习，因此，在进行室内色彩设计时，不能简单地从概念出发，而应根据不同空间功能方面的要求进行具体地分析。

首先，要仔细分析空间的性质和用途。以医院为例，由于各种房间的性质和用途不同，用色之道也不同。手术室宜采用浅蓝、浅绿和青绿色的墙面，以减轻医生的视觉疲劳，提高手术的成功率，而病房由于科别不同，住院时间长短不同，色彩也应是不同的。一般来说，住院时间短的病房应以淡黄、柠檬黄等为基调，形成明快的环境，以增加病人早日康复的信心（图 5-32、图 5-33）；住院时间长的病房，应采用稍稍偏冷的色调，从而起到镇静的作用。

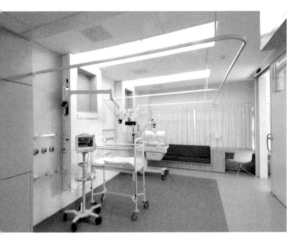

图 5-32　色彩在医院室内空间中的应用

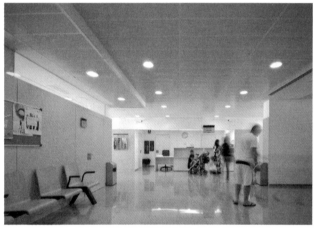

图 5-33　以淡黄、柠檬黄等为基调，能形成明快的环境，以增加病人早日康复的信心

图 5-34　银行室内空间采用暖色，会使客户心理上显得更加轻松和亲切

然后，要认真分析人们感知色彩的过程。办公室和卧室等场所，人们置身于其中的时间比较长，色彩应该稳定、淡雅，以免过分刺激人们的视觉；机场的候机室、车站的候车室和餐厅、酒吧等场所，人们停留的时间比较短，使用的色彩应该明快、鲜艳些，以便给人留下较深的印象。

最后，要注意适应生产、生活方式的改变。以银行为例，早期银行是一个庄重甚至带有几分神秘的场所，而现在的银行与客户之间的关系是一种平等关系。因此，当今银行的色彩一定要更加轻松和亲切（图 5-34）。再如早期工厂的色彩多是单色的，给人的印象是灰暗而杂乱，而现在的工厂内部干净、明亮，色彩设计也应更加科学化、艺术化和人性化。

2. 控制好色彩的基调

要想使室内色彩设计在美化环境方面发挥作用，首先应控制好色彩的基调问题。基调是色彩关系协调的关键，能够体现整体空间的功能和性格。一般来说，室内色彩的基调是由面积最大、人们注视得最多的色彩决定的。地面、墙面、顶棚以及面积较大的装饰色彩都能构成室内色彩的基调。基调在创造特定的气氛和意境中，能够发挥重要的作用，而基调之外的其他色彩只能起到丰富、润色、烘托和陪衬的作用。

促使色彩基调形成的因素相当多。从明度上讲，可以形成明调子、灰调子和暗调子；从冷暖上讲，可以形成冷调子、温调子和暖调子；从色相上讲，可以形成黄调子、蓝调子和绿调子等。暖色调容易形成欢乐、愉快的气氛；冷色调容易形成宁静、优雅的气氛；灰色调从容、沉着、安定而不俗（图 5-35）。可以这样说，没有室内空间的色彩基调，就没有特色，没有倾向，没有性格，没有气氛，室内色彩也就难以体现特定的意境和主题。

3. 密切结合装饰材料

室内色彩设计离不开材料，材料与色彩是一种相互依存的关系。研究色彩与材料的关系主要是要解决好两个问题：一个是色彩用于不同质感的材料，将出现何种效果；一个是如何充分运用材料的本色。色彩在同一空间用于不同质感的材料，能够使人们在统一之中感受到变化，在总体协调的前提下感受到微细的差别。充分运用材料的本色，可以使色彩关系更具自然美（图 5-36）。在我国南方民居和园林建筑中，常用不加粉饰的竹子、藤条、原木、青砖、石板、瓦片等作装饰，由于格调清新，使整个建筑色彩效果更加生动，其经验直到今天仍为广大室内设计工作者们所借鉴。

4. 考虑民族、地区与气候特点

对于不同的人种、民族来说，由于地理环境不同、历史沿革不同、文化传统不同、审美要求不同，使用色彩的习惯往往存在较大的差异。朝鲜族能歌善舞，性格开朗，喜欢轻盈、文静、明快的色彩；藏族由于身处白雪皑皑的自然环境和受到宗教活动的影响，多以浓重的颜色和

图 5-35　大面积的灰色调从容、沉着、安定而不俗

图 5-36　充分运用材料的本色，可以使色彩关系更具自然美

对比色装点服饰和建筑。气候条件对色彩设计也有很大的制约作用。如我国南方多用较淡或偏冷的色调，在北方则可多用偏暖的颜色。而在同一地区，不同朝向的室内色彩也应有区别。如朝阳的房间色彩应偏冷，阴暗的房间色彩则应暖和一些。

5.2.4　室内色彩配色方案

1. 室内色彩配色

在了解一些色彩的基本知识后，就可以按步骤进行色彩设计工作了。在室内设计前，首先是收集各种需要的色彩样本（图5-37），包括各种材料的样本。当样本收集全后，可以按照以下方法对色彩设计进行调研取证。

（1）将影响色彩计划的所有因素按次序列表，这些因素包括：日光进入室内所经窗、门的方位和大小；使用人工照明的种类和位置；人在室内逗留的时间长短；希望营造的特征和气氛；使用者的个人偏爱；所在地理位置，包括气候和地区性的颜色偏爱。

（2）根据以上所列的要素建立色彩计划。

图 5-37　色彩样本

包括选择色调（暖色、冷色或中性色），选择色彩计划的类型，决定占主导地位的基调色。这一步骤可以是色块、彩色照片、材料色块（如涂料）和物体的色彩组合（图5-38）。

图 5-38　红色基调容易形成欢乐、愉快的气氛，烘托了设计主题

（3）选择几种大块面的色彩，诸如地板、墙面和顶棚。任何已经确定了颜色的区域应都被记录下来，例如，要保留的现有家具，已知材料的大面积颜色（砖块、石块或免漆的木材）或其他不再改变的色彩元素。

（4）选择第二阶段的颜色，如家具、织物和其他有影响力的色彩元素。

（5）选择小面积具有点缀作用的色彩。它可能是已存在的高明度色彩或对比色，也可能是具有某种自然特性的材料，如金属材料、彩色玻璃、镜面等。这些都会对整个色彩计划产生重要的影响。

上述步骤完成后，还应对所做的色彩计划进行调整。准备几个备选方案进行比较是明智之举，往往最佳的方案就出自计划中的元素与其他方案中的元素的交换。当所做计划感觉较为完善或满意之后就可以考虑对方案进行配色了。

（1）自然色配色。自然色配色通常会使室内空间产生和谐、令人愉快的效果。如灰色的石材、棕褐色的木材、红色的砖瓦等，都能在室内空间中呈现自然本色。材料的自然色基本上都是中性色，不刺眼、不冲突，性格温和，具有吸引力。这样的色彩搭配可以在赖特的流水别墅中找到（图5-39），这也是很多优秀的室内设计作品所采用的颜色。

（2）全灰色配色。这种方法通常被认为是不易起冲突和安全的，适用于任何环境。采用白色、灰色和黑色的配色就属于这种类型。全灰色配色也可以加上小面积的鲜艳色彩点缀，这在灰色附加配色计划中作为强调色的来源也是一种常用的方法（图5-40）。全灰色配色适用于博物馆和画廊，在这类空间中，灰色调的环境更容易衬托出展示的作品。当然，全灰色配色也适用于其他空间，搭配合理都能取得和谐统一的效果。

（3）色彩的功能配色。这种方法是建立在对室内色彩心理、物理的分析基础上。暖色在气候寒冷、朝北方向不能直接接受太阳光照的地方很受欢迎，而冷色则对炎热、光照充足的地区会很有帮助。通过合理的配置，色彩还可以改变不同形式的空间，比如让小空间看起来更大，使不规则的空间更规则。不同的色彩也可以强调或削弱室内不同元素的视觉感受（图5-41）。白色墙上的白色门看上去像是消失了一样，而红色的门就引人注意且暗示其重要性（图5-42）。

2. 室内色彩设计步骤

当完成色彩配色后就可以进行室内色彩设计了。首先要对室内环境设计对象进行充分的了解，

图 5-39　木质材料的自然色不刺眼、不冲突，
　　　　　性格温和，具有吸引力

图 5-40　全灰色配色加上小面积的鲜艳色彩点缀，
　　　　　空间显得清新雅致

图 5-41　阅读区采用紫色，使空间显得浪漫，富有个性

图 5-42　通过合理的选材和色彩搭配，LOGO 墙上的木色门看上去像是消失了一样

再根据设计对象的特点，运用相关色彩知识进行环境色彩的设计，并注意色彩整体的统一与变化。最后还要进行适当的调整和修改，才能最终确定其室内环境色彩设计的效果。其设计步骤为：从整体到局部，从大面积到小面积，从美观要求较高的部位到美观要求不高的部位。而从色彩关系来看，首先要确定明度，然后再依次确定色相、纯度与对比度。室内色彩设计工作步骤如表 5-3 所示。

表 5-3　室内色彩设计的工作步骤

序号	设计步骤	主要工作内容
1	前期准备	了解建筑及其相关室内空间的功能及使用者的要求
		绘制设计草图（透视图）
		准备各种材料样本及色彩图册等
2	进行初步设计	确定基调色和重点色
		确定部分配色（顺序：墙面—地面—顶棚—家具—其他陈设）
		绘制色彩草图
3	调整与修改	分析与室内构造样式风格的协调性
		分析配色的协调性
		分析与色彩以外的属性的关系（如有无光泽、透明度、粗糙与细腻、底色花纹等）
		分析色彩效果是否正确利用（如温度感、距离感、重量感、体量感、色彩的性格、联想、感情效果、象征与个性等）
4	确定设计效果	绘制色彩效果图
5	施工现场配合	试做样板间，并进行校正和调整

5.2.5　室内色彩计划的实施步骤

完成一个室内色彩计划包括制作彩色样本和材料实样。它能把头脑中的概念转变成可见的实物，以便对其进行评估，或者在确定以后付诸实施。

1. 收集色样

收集大量的色样是设计初步阶段的重要工作。这个过程需要收集足够的色样，以便相互比较，最后把它们排列起来形成色彩记录。可以用从包装盒、小册子印刷、广告等所有能找到的东西上剪下来的彩色纸来充实我们的色样收集，这样的习惯会使你很快拥有一个非常有用的色样集。还可以收集一些金属纸和有纹理的纸来扩大色样收集。另外，可以混合少量的颜色，然后把它刷在纸上作为额外的色样。

2. 制作色彩图

（1）色样的使用。色样应尽可能按照它在实际空间中出现的位置来排列。地板应在画面的最底部，然后是墙面，再后是家具和相关的物品，天花在最上面。在色彩图上尽可能列出所有可能出现的色彩，比如白色的天花，应该用白色的色块来表现而不应被忽视。随着色彩图的逐渐完善，我们应把它放在中性色（比如白色、黑色或灰色）的背景前来观察。色样与色样间应紧密排列，不能露出空隙。当色彩计划最终确定以后，可以把色样用胶水固定下来，最终完成色彩图。这种抽象的色彩图可以用来供客户观看或作为色彩的定制和粉刷的基础。色彩图的最好的方式是制作透视图，这样可以更有利于跟客户的沟通。

（2）真实材料的使用。在色彩图中可以用真实的材料来替代抽象的色样，如木材、家具的贴面材料、瓷砖、地毯等。这样拼合起来的色样更能使客户有真实的感受。目前，一些设计公司通常都有一个大型样品展示间用来和客户沟通。

3. 制作色彩样板

色彩样板可以同时用实际材料和色样来制作，并需要为每一种颜色标上色标号，以及确定图案的确切形式。当色彩样板确定以后，它就成了以后采购和施工中的依据。

4. 对色彩计划的评估

当一个环境中的所有颜色和灯光没有完全到位之前，千万不要因为其中一种或几种颜色的不理想而急于做出调整和改变。这往往是一种正常的现象，这是因为色彩之间的互相影响太强造成的。有时候可能觉得某种颜色看上去实在不合适，直到所有的色彩元素都到位仍无法改观。这时候可以做一些调整，但这仅限于某些特定的元素，如涂料。一般来说，一份按比例制作的色彩图在适当的灯光下如果看上去不错的话，这个色彩计划在实际空间中也会令人满意的。在整个色彩计划完全付诸实施之前忠实于原有的设计是明智的选择。

5. 色彩的一般问题

以下所列的色彩问题会造成失败的色彩效果。

（1）不经仔细考虑就随意确定色彩计划。

（2）使用太多太杂的颜色。通常在色彩计划中采用少量的颜色是比较保险的方案，一般是两到三种色彩。如果在一个方案中色彩没有主次就意味着注定要失败。

（3）大面积地使用强烈的色彩。

（4）大面积的色彩对比。特别是在补色色彩计划中，相同面积同等强度的色彩对比会造成令人不快的紧张感。最好是其中的一种颜色在面积或色彩强度上占优势。

（5）单调和千篇一律的色彩，如米色、茶色和褐色因单调会使人感到压抑。

室内色彩计划是建立在定性、定量相结合的基础上，是主观评价与科学检测相结合的产物，只有建立在科学系统的互相配合的基础之上，才是制订色彩计划唯一可靠的方式。

思考与练习

1.室内常用装饰材料有哪些？其各自特点是什么？

2.如何理解装饰材料应用的基本原则？

3.室内设计选材时应注意哪些问题？

4.以餐饮空间为例，对室内空间的主调和辅助色进行分析。

5.室内色彩设计应该遵循哪些原则？

6.室内设计中色彩计划如何开展？根据实例列举其工作步骤。

设计任务指导书

1.题目：居住空间色彩计划

2.设计目的与要求

（1）设计目的。追求精致的室内设计，关键在于和谐地搭配各界面色彩之间的关系，其最终目的是创设出一个既个性又舒适的温馨空间。通过色彩计划的实施不仅能为装饰选材提供可参考的样本，还能通过恰当合理的室内色彩的运用，给人们带来美的享受，更有益于人们的身体健康。

（2）设计要求。从整体色调着手，既要在统一中营建良好的整体氛围，又要照顾装饰个体的着色、凸显各空间个性，两者之间彼此相得益彰，给居住者以愉悦的美的享受；要处理好背景色、主题色和点缀色这三者之间的关系，尤其要注意空间的基调用色，做到主次分明、和谐自然；还要注意各界面中色彩的合理交接，使色彩过渡轻松、自然。

3.色彩计划内容

（1）确定空间的整体基调色、重点色；

（2）确定各空间的整体配色（起居室、餐厅、厨房、卧室、书房、卫生间等）；

（3）确定各空间的界面配色（墙面、地面、顶棚等）；

（4）确定各空间的软装配色（家具、灯饰、窗帘、布艺、挂画、饰品、绿植等）。

4.作业成果要求

（1）各空间色彩样板制作；

（2）绘制各空间的色彩草图；

（3）绘制各空间色彩效果图；

（4）设计说明500字；

（5）图纸统一为A3图幅。

第 6 章

室内设计的
技术问题

6.1 照明设计

室内照明是室内设计的重要组成部分之一。在室内设计中，光不仅可以满足人们视觉功能的需要，而且是一个重要的美学因素。没有光人们就无法感知色彩、质感、形态、空间等信息，更无法正常、舒适地进行各种工作和生活。光既可以强调室内环境的某种格调，渲染室内气氛，也可以提高视觉、保护视力、平衡情绪，还可以形成空间并改变空间效果。因此，室内采光和照明在很大程度上决定了室内环境的质量。

6.1.1 室内光环境

科学研究表明，照明在影响到人的视觉的同时，对人的精神、身体也会带来种种影响。这不仅表现在灯具本身的点缀及美化作用，还表现在光在空间形成的光效。基于这样的缘由，当前的室内设计必须有自己的专业照明设计师，由他们设计配线、控制系统和计算照度，使设计工作更加专业和完善，而不是由现在的电气专业设计人员来完成。作为一名合格的室内设计师，在室内整体设计中，不能只关注空间造型、家具配比，还要关心照明设计的效果，熟知室内不同的照明灯具和光，各种性质空间对照明的要求。

室内光环境主要有两种光源：一种是自然光，另一种是人工光。

6.1.1.1 自然光

自然光的主要光源是日光。自然光由直射光及扩散光组成。阳光穿过大气层，直射到地面形成直射光。直射光会使室内光线充足，产生强烈的光影变化，但也容易因照度不均而引起眩光和室内温度过热，强烈的直射光还会给室内物体造成老化、褪色等破坏作用。可用遮阳板、遮阳棚、窗帘、镀膜玻璃、各种格片及扩散材料对直射光进行调整。阳光经大气层中的水汽、尘埃等微粒吸收和扩散后称为天光，天光多数情况下呈蓝色，光线均匀、稳定、柔和，不易产生阴影。

自然光主要靠设置在墙和屋顶等围护结构的洞口来获取，采光效果主要取决于采光部位和采光口面积大小、形状及位置，透光材料的种类、颜色以及邻近物体的遮挡程度等因素。通常洞口的大小应结合室内空间的使用功能、特点、风格以及当地气候等因素加以确定。在建筑空间中，采光口按所处位置可分为侧窗和天窗两种形式。

1. 侧窗

侧窗是在室内侧墙上开的采光口，一般建筑物主要靠侧窗采光，是最常见的一种采光形式，通过侧窗还可选择良好的朝向及室外景观。侧窗的光线方向性强，利于形成阴影（图6-1）。南向窗采光量大，但光线会在一天中不停地改变方向；北向窗采光量小，但光线稳定；东西向窗早晚有直射光，光线的方向、颜色也在不断变化。一般侧窗位于900mm左右高度，有的场合为了提高深处照度或为争取通风需要将窗台提到2m以上，称高侧窗。就总的采光量而言，在采光口面积相等且窗口底标高一致时，正方形侧窗采光量最多，其次是竖向长方形侧窗。竖向长方形侧窗在房间进深方向形成的照度会比较均匀，横向长方形侧窗在房间开间方向的光线较均匀。长方形平面的空间长边开窗效果要优于短边。另外，窗间墙会与窗洞形成较大的亮度比，这对横向的采光均匀性有一定影响。

图 6-1　侧窗的光线方向性强，有利于形成阴影

2. 天窗

天窗是在室内空间顶部开设的采光口，天窗的采光率是同样面积侧窗的 5 倍以上。天窗所形成的顶光照度分布均匀，且光线稳定，但管理维护困难，多用于大型空间。透过天窗，可见天光云影以及阳光的高度角变化，可为室内带来变幻丰富的动态光影信息，光线自上而下由明到暗，富于层次感、生动感，极具感染力（图 6-2）。根据使用要求的不同，天窗外观分多种形式，如锯齿形、矩形、平天窗等。

图 6-2　自然光线自上而下由明到暗，富于层次感、生动感，极具感染力

6.1.1.2　人工光

人工照明是以各种电光源为主。室内环境中必须有足够的光照，才可以高效率、安全舒适地工作和生活。尽管现代建筑设计规范规定所有建筑必须首要考虑自然采光，然而这并不能保证单靠自然采光就可以达到所有的照明要求。室内的自然光受时间、天气状况、空间形状和大小以及朝向、相邻环境状况等因素的影响，不可能随时都能满足需要。因此，人工光源在多数情况下会扮演重要角色，补充不足的光线和取得亮度平衡，以满足视觉工作的需要。另外，人

工光又具有自然光所没有的特点，可冷可暖，可强可弱，灯具本身的造型、配光方式、布置方式，在满足功能的前提下还可满足审美需求（图6-3）。因此，人工照明在某些现代空间中，其主要目的已不仅仅局限于照明的作用，而是通过灯光创造某种特殊的光环境效果，如歌舞厅的旋转灯具会增加空间的动感。人工光还能调整空间感，夸大或缩小空间尺度，如对室内顶棚、墙面的照射会使空间变得开阔；还可利用光源形成不同色彩、形状的光带、图案等，成为空间装饰元素的一种。利用灯光还可形成虚拟的"场"，来限定、组织、指示空间（图6-4）。人工光同自然光一样存在红外线，这会导致被照物的褪色和质变，光线的辐射热还会导致被照物或室内温度的过热，因此在选择灯具时，应注意避免和消除这些影响。

图6-3 人工光可冷可暖，可强可弱，在满足功能的前提下还可满足审美需求

图6-4 人工光还能形成虚拟的"场"，来限定、组织、指示空间

6.1.2 室内照明设计的基础知识

6.1.2.1 照明质量

在光环境的设计过程中，经常需要计算一些物理量以保证光环境质量的要求。影响照明质量的因素包括光通量、光强、亮度、照度、眩光、显色性、阴影等。

1. 光通量

光通量是指人眼所能感觉到的辐射能量，用来表示光源发出光能的多少，它是光源的一个基本参数，单位是流明（lm）。

2. 光强

光源在空间某一方向上单位立体角内发射的光通量与该立体角的比值，称为光源在这一方向上的发光强度，简称光强，单位为坎德拉（cd）。

3. 亮度

亮度是指发光体或被照面通过反射和折射作用在单位面积上的发光强度，单位是坎德拉 / 平方米（cd/m^2）。亮度取决于很多变量，包括照度、物体表面的反射率、观察角度、周围环境对比以及视敏度等。某些灯具还可以通过变阻式调光器对亮度进行调整。

4. 照度

光源落在单位被照面上的光通量叫照度，单位是勒克斯（lx），1 勒克斯等于 1 流明的光通量均匀分布在 1m^2 的表面产生的照度。照度的大小不仅取决于发光强度，还同光源距被照面的距离有关，照度能够在一定程度上决定室内环境的明亮程度（图 6-5）。

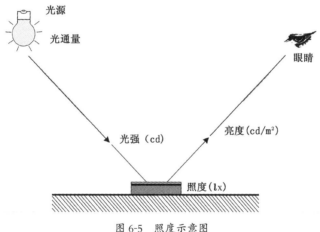

图 6-5 照度示意图

5. 眩光

眩光是指视野内出现过高亮度或过大的亮度对比所造成的视觉不适或视力减低的现象。例如，在白天看太阳，由于它的亮度太大，眼睛无法适应，睁不开眼。再如，在晚上看路灯，明亮的路灯衬上漆黑的夜空，黑白对比太强，同样感到刺眼。

根据其产生的原因，可采取以下办法来控制眩光现象的发生。

（1）限制光源亮度或降低灯具表面亮度。对光源可采用磨砂玻璃或乳白玻璃的灯具，亦可采用透光的漫射材料将灯泡遮蔽。

（2）可采用保护角较大的灯具。

（3）合理布置灯具位置和选择适当的悬挂高度。灯具的悬挂高度增加后，眩光的作用就减少；若灯与人的视线间形成的角度大于 40° 时，眩光现象也就大大减弱了。当然，这种方式通常受房屋层高的限制，并且灯具提得过高对工作面照度也不利，所以通常应与选用较大保护角的灯具结合使用。

（4）适当提高环境亮度，减少亮度对比，特别是减少工作对象和它直接相邻的背景间的亮度对比。

（5）采用无光泽的材料。

6. 光源的显色性

光源的种类很多，其光谱特性各不相同，因而同一物体在不同光源的照射下，将会显现出不同的颜色，这就是光源的显色性。通常，人们习惯于在日光下分辨色彩，所以在比较显色性时通常以日光或接近日光光谱的人工光源作为标准光源，将显色指数定为100，离标准光谱越近的光源，其显色指数越高，如表6-1所示。在需要正确辨别颜色的场所，可以采用合适光谱的多种光源混合的混光照明。

表 6-1　常用照明灯具的显色指数

灯具类型	显色指数	灯具类型	显色指数
白炽灯	97	高压汞灯	20 ~ 30
卤钨灯	95 ~ 99	高压钠灯	20 ~ 25
白色荧光灯	55 ~ 85	氙灯	90 ~ 94
日光色灯	75 ~ 94		

研究表明，色温的舒适感与照度水平有一定的相关关系。在很低照度下，舒适光色是接近火焰的低色温光色；在偏低或中等照度下，舒适光色是接近黎明和黄昏的色温略高的光色；而在较高照度下，舒适光色是接近中午阳光或偏蓝的高色温天空光色，如表6-2所示。

表 6-2　光源色表分组

色表分组	色表特征	相关色温 /K	适用场所举例
I	暖	< 3300	客房、卧室、病房、酒吧、餐厅
II	中间	3300 ~ 5300	办公室、教室、阅览室、诊室、检验室
III	冷	> 5300	高照度场所

7. 阴影

在工作物体或其附近出现阴影，会造成视觉的错觉现象，增加视觉负担，影响工作效率，在设计中应予以避免。一般可采用扩散性灯具或在布灯时通过调整光源位置，增加光源数量等措施加以解决。

6.1.2.2　光的种类

照明用光随灯具品种和造型不同，产生不同的光照效果。所产生的光线，可分为直射光、反射光和漫射光3种。

1. 直射光

直射光是光源直接照射到工作面上的光。直射光照度高，电能消耗少，为了避免光线直射人眼产生眩光，通常采用灯罩相配合，把光集中照射到工作面上，降低炫光对人眼的影响。

2. 反射光

反射光是利用光亮的镀银反射罩作定向照明，使光线受下部不透明或半透明的灯罩的阻挡，光线的全部或一部分反射到天棚和墙面，然后再向下反射到工作面。这类光线柔和，视觉舒适，不易产生眩光。

3. 漫射光

漫射光是利用磨砂玻璃罩、乳白灯罩或特制的格栅，使光线形成多方向的漫射，或者是由直射光、反射光混合的光线。漫射光的光质柔和，且艺术效果颇佳。

在室内照明中，上述 3 种光线有不同的用处，由它们之间不同比例的配合就产生了多种照明方式。

6.1.2.3　照明方式

根据光通量的空间分布状况，照明方式可分为以下 5 种（图 6-6）。

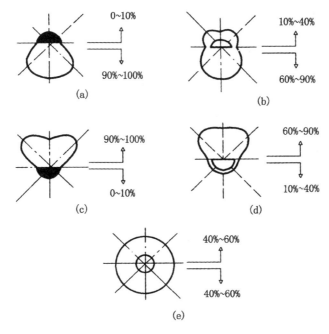

图 6-6　照明方式示意图

1. 直接照明

光线通过灯具发出，其中 90% ~ 100% 的光通量到达假定的工作面上，这种照明方式为直接照明。此种照明方式具有强烈的明暗对比，并能造成有趣生动的光影效果，可突出工作面在整个环境中的主导地位，但是由于亮度较高，应防止眩光的产生。

2. 半直接照明

半直接照明方式是用半透明材料制成的灯罩罩住灯泡上部，使 60% ~ 90% 的光线集中射向工作面，10% ~ 40% 的被罩光线又经半透明灯罩扩散而向上漫射，其光线比较柔和。这种灯具常用于较低的房间的一般照明。由于漫射光线能照亮平顶，使房间顶部高度增加，因而能产生较高的空间感。

3. 间接照明

间接照明方式是将光源遮蔽而产生的间接光的照明方式，其中 90% ~ 100% 的光通量通过天棚或墙面反射作用于工作面，10% 以下的光线则直接照射工作面。通常有两种处理方法，一种是

图 6-7　光线从顶棚反射到室内，光线柔和

图 6-8　整体照明光线均匀，柔和安静

将不透明的灯罩装在灯泡的下部，光线射向平顶或其他物体上反射成间接光线；另一种是将光源设在灯槽内，光线从天棚反射到室内成间接光线。这种照明方式单独使用时，一般亮度不高，通常和其他照明方式配合使用，才能取得特殊的艺术效果（图 6-7）。

4. 半间接照明

半间接照明和半直接照明相反，它是把半透明的灯罩装在灯泡下部，60% ~ 90% 的光线射向平顶，形成间接光源，10% ~ 40% 的光线经灯罩向下扩散。这种方式能产生比较特殊的照明效果，使较低矮的房间有增高的感觉。它也适用于住宅中的小空间部分，如门厅、过道等，通常在学习的环境中采用这种照明方式，最为相宜。

5. 漫射照明方式

漫射照明方式是利用灯具的折射功能来控制眩光，将光线向四周扩散漫射。这种照明大体上有两种形式，一种是光线从灯罩上口射出经平顶反射，两侧从半透明灯罩扩散，下部从格栅扩散；另一种是用半透明灯罩把光线全部封闭而产生漫射。这类照明光线性能柔和、视觉舒适，适于卧室。

6.1.2.4　照明的布局形式

根据照明在空间的总体布局，照明布局形式有以下 3 种。

1. 整体照明

整体照明又称背景照明或环境照明，它是为照亮整个空间场所而设置的基础性照明。整体照明通常由较均匀地分布于被照场所上空的灯具来提供，光线柔和安静，阴影微弱，但过于均匀的灯光分布，使得空间容易平淡和呆板（图 6-8）。这种照明方式适合于无较高照度要求的空间，但当空间要求照度较高时，单独采用这种照明方式就会造成灯具过多，经济性不好，可结合局部照明使用。

2. 局部照明

局部照明是只对局部空间进行照明的方式，这种照明常设于满足有一定照度要求的局部工作区域（如阅读、化妆、烹饪等），灯具往往位于被照物体附近的位置，便于工作更加容易完成。局部照明还有一定的装饰作用，利于展现形体结构、质地和颜色，容易与背景形成较强的反差，空间可形成强烈对比和戏剧化视觉效果，能缓解空间的平淡与枯燥（图6-9）。但使用时应注意避免局部与整体间的亮度对比过大，以免造成视觉疲劳。

图 6-9　局部照明能使空间形象形成强烈对比，能缓解空间的平淡与枯燥

3. 混合照明

同一空间中既有亮度均匀的整体照明，也有满足某一局部特殊需要的局部照明，是目前最常用的照明方式（图6-10）。实际运用中，应认真分析场所的功能和可能出现的行为，以及整体的气氛与格调，确定是采用整体环境照明，还是局部照明，或是二者的结合。单纯设置基础照明，空间难以形成重点，单纯设置局部照明，容易对比过度，导致视觉疲劳，伤害视力，同时也不利于对物体的细小部分的分辨。

6.1.3　照明设计的作用与原则

6.1.3.1　照明设计的作用

在室内环境中，获得充足的日照能保证人们尤其是老人、病人及婴儿的身心健康，能保证室内空气卫生洁净，改善室内小气候，提高

图 6-10　整体照明与局部照明结合，更能突出空间的照明效果

图 6-11　独特的照明有利于组织空间、
烘托气氛、增添情趣

居住舒适度。室内照明，不仅仅是弥补日照不足、为人们提供良好的光照条件，还有组织空间、烘托气氛、增添情趣等功能，而且能引起人们心理上的注意和联想（图 6-11）。利用不同的光源和居室墙面、地面、家具颜色和谐配合，可以构成各种各样的艺术环境。

1. 创造室内气氛

光的亮度和色彩是决定气氛的主要因素。我们知道光的亮度能影响人的情绪，一般来说，亮房间比暗房间更为刺激，但是这种刺激必须和空间所应具有的气氛相适应。适度愉悦的光能激发和鼓舞人心，而柔弱的光令人轻松且心旷神怡。光的亮度也会对人心理产生影响，私密性要求相对较高的谈话区域，可以将亮度适当降低，形成较弱的光线，从而使该区域显得更加亲切。

光色的变化也会影响室内气氛。许多餐厅、咖啡馆和娱乐场所，常常用强烈的暖色，使整个空间具有温暖、欢乐、活跃的气氛（图 6-12），暖色光还会使人的皮肤、面容显得更健康、美丽动人。家庭的卧室也常常因采用暖色光而显得更加温暖和睦。但冷色光也有许多用处，特别是在夏季，蓝、绿色的光就使人感觉凉爽（图 6-13）。应根据不同气候、环境和建筑的性格要求来确定光色。

2. 加强空间感和立体感

不同的空间效果，可以通过光的作用充分表现出来。室内空间的开敞性与光的亮度成正比，亮的房间感觉要大一点，暗的房间感觉要小一点，充满房间的无形的漫射光，也使空间有无限的

图 6-12　暖色光使整个空间具有温暖、欢乐、活跃的气氛

图 6-13　蓝、绿色的光能使人感觉凉爽

感觉，而直接光能加强物体的阴影，增强空间物体的立体感。

　　对于一些大型和特殊场合的照明，常常以其独特的组织形式来吸引人。如商场以连续的带形照明，使空间更显舒展，起到了引导人流的作用（图 6-14）；酒吧用环形吊饰，造型与家具布置相对应，使空间温馨、浪漫（图 6-15）。因此，室内照明的重点常常来自于顶棚上，而且要结合地面设施和功能布局，着重体现出建筑内部的空间感觉。

图 6-14　连续的带形照明使空间更显舒展，起到了引导人流的作用

图 6-15　错落有致的吊饰造型，与家具布置相对应，使空间温馨、浪漫

3. 强化光影的艺术效果

　　光影的艺术效果可以利用各种照明装置来实现，以生动的光影效果来丰富室内的空间，既可以表现光影本身，也可以通过光影的对比表现商品的展示效果。如利用光的照明艺术效果，可以

加强商品展示的功能，从而使商品进一步得到顾客的关注（图6-16）。光影效果还可以通过顶棚、墙面、地面来表现，如会议室的顶棚，常采用与会议桌相对应的照明方式来设计，而顶棚的点光源投射在墙上产生的各种光效，既满足了光的平衡，同时也达到了装饰的目的（图6-17）。

图 6-16　利用灯光的照明能加强商品展示的艺术效果，使商品进一步得到顾客的关注

图 6-17　灯光设计既满足了室内光照，同时也达到了装饰的目的

6.1.3.2　室内照明的基本原则

良好的光照条件，不仅仅是出于满足视觉功能、提高作业效率，以及缓解疲劳、保障安全等因素的考虑，对于使用者的心理情绪、室内环境的气氛以及意境的营造也是不可或缺的因素，是与整体空间艺术效果融为一体的。另外，照明设计时也应兼顾经济原则等问题。

（1）功能性原则。照明应力求使人看得清楚，尽量减少眼部负担，这就要求有适合的照度、良好的显色性，以及避免眩光等。设计时应根据不同的具体使用要求，空间的既定条件，依据相应的照明技术标准与规范来操作，有时还要通过精确计算来达到这一目的。

（2）美观性原则。光的数量、颜色、强弱以及照射的方向、角度、位置等因素都会有助于显现或改变空间形象，灯具的造型、排列、布置方式、配光方式也会创造出不同的氛围和效果，使人获得不同的视觉和心理感受。如亮度高的空间感觉明亮、开敞，使人兴奋；亮度低的空间则会使人感觉沉静、神秘、压抑甚至阴森恐怖；明暗对比强的空间，具有张力、响亮、刺激感；明暗对比弱的空间则清静、放松和舒适。

（3）经济性原则。照明设计包括设备投资、安装、运行及维护费用。光源应尽可能使用长寿命的耐用灯具，同时还应具体考虑防潮、防尘因素，以减少维护次数，尤其室内吊顶较高，不易够到的位置。

6.1.4　室内照明计算与灯具选择

6.1.4.1　照明计算

照明设计的计算方法是极其复杂的，对于室内设计人员来说，只掌握一种较粗略的计算方法就可以了。在照明设计的最初阶段采用"单位容量法"进行估算。首先介绍单位容量值的含义，单位容量值就是在 $1m^2$ 的被照面积上产生 1lm 的照度值所需的瓦数。单位容量值如表 6-3 所示。

表 6-3　光源输入的单位容量值表（单位：W）

光源	白炽灯			荧光灯、汞闪光灯、充气灯		
天棚 墙面	浅色 浅色	浅色 暗色	暗色 暗色	浅色 浅色	浅色 暗色	暗色 暗色
直接照明	0.16	0.18	0.20	0.05	0.06	0.06
半直接照明	0.20	0.24	0.28	0.06	0.07	0.08
漫射照明	0.24	0.30	0.37	0.07	0.09	0.11
半间接照明	0.28	0.37	0.48	0.08	0.11	0.13
间接照明	0.32	0.46	0.63	0.09	0.13	0.19

计算照明的容量，是为了进一步求出所需灯具的数目和功率，其公式为：照明总容量（W）=单位容量值 × 平均照度值 × 房间面积。计算时是取整个平面照度的平均值。如果房间较多，或是采用间接照明，光通量的损失是很大的，所以实际就需要比计算值多 20% ~ 50% 的输入容量。

例如，某会议室平面面积为 6m×4m，高为 4m，工作面（距地面 85cm）上的照度为 125 lx（应查表所得），采用间接照明型的白炽灯照明，天棚与墙面都是浅色，试求房间所需照明总容量和灯具数目。

照明总容量 =0.32 W × 125lx × 24 m^2 =960 W

光通量的损耗按 20% 计算：

$$960\ W \times 20\%=192\ W$$

$$960\ W+192\ W=1152\ W$$

这样确定房间应安装功率为 200 W 的白炽灯 6 个（两排，每排 3 个），即可满足 125 lx 的照度要求。

根据房间的用途，可按照国际标准或国家标准来确定房间照度值。一些常用的照度标准值如表 6-4、表 6-5、表 6-6 所示。

表 6-4　居住建筑标准照度值

房间或场所		参考平面及其高度	照度标准值 / lx	显色指数
起居室	一般活动	0.75m 水平面	100	80
	书写、阅读		300*	
卧室	一般活动	0.75m 水平面	75	80
	床头、阅读		150*	
餐厅		0.75m 水平面	150	80
厨房	一般活动	0.75m 水平面	100	80
	操作台	台面	150*	
卫生间		0.75m 水平面	100	80

注：* 宜用混合照明。

表 6-5　图书馆建筑、办公建筑、商业建筑、旅馆建筑、学校建筑、博览建筑标准照度值

建筑类别	房间或场所	参考平面及其高度	照度标准值 / lx	显色指数
图书馆建筑	书库	0.25m 垂直面	50	80
	陈列厅、目录厅、出纳室、工作间、一般阅览室	0.75m 水平面	300	80
	重要图书阅览室、老年阅览室、善本室、舆图阅览室	0.75m 水平面	500	80
办公建筑	普通办公室、会议室	0.75m 水平面	300	80
	接待室、前台	0.75m 水平面	300	80
	文件整理室、复印室、发行室	0.75m 水平面	300	80
	高档办公室、设计室	0.75m 水平面	500	80
	营业厅	0.75m 水平面	300	80
	资料室、档案室	0.75m 水平面	200	80
商业建筑	一般商店、超市营业厅	0.75m 水平面	300	80
	高档商店、超市营业厅	0.75m 水平面	500	80
	收款台	台面	500	80

续表

建筑 类别	房间或场所		参考平面 及其高度	照度标准值 / lx	显色指数
旅馆 建筑	客房	一般活动区	0.75m 水平面	75	80
		床头	0.75m 水平面	150	80
		写字台	台面	300	80
		卫生间	0.75m 水平面	150	80
	中餐厅		0.75m 水平面	200	80
	厨房		台面	200	80
	洗衣房		0.75m 水平面	200	80
	休息厅		地面	200	80
	门厅、总服务台		地面	300	80
	客厅层走廊		地面	50	80
学校 建筑	教室、实验室		桌面	300	80
	美术教室		桌面	500	80
	教室黑板		黑板面	500	80
博览 建筑	一般展厅		地面	200	80
	高档展厅		地面	300	80
	对光特别敏感的展品		展品面	50	80
	对光敏感的展品		展品面	150	80 ~ 90
	对光不敏感的展品		展品面	300	

注：1. 高于 6m 的展厅显色指数可降低到 60。辨色要求较高的场所，显色指数不应低于 90。
2. 陈列室一般照明应按展品照度值的 20% ~ 30% 选取。

表 6-6　交通建筑、公共场所、影剧院建筑标准照度值

建筑 类别	房间或场所		参考平面 及其高度	照度标准值 / lx	显色指数
交通 建筑	售票台		台面	500	80
	问讯处		0.75m 水平面	200	80
	候车（机、船）室	普通	地面	150	80
		高档	地面	200	80
	中央大厅、售票大厅		地面	200	80
	海关护照检查		工作面	500	80
	安全检查		地面	300	80
	换票、行李托运		0.75m 水平面	300	80

建筑 类别	房间或场所		参考平面 及其高度	照度标准值 / lx	显色指数
交通 建筑	行李认领、到达大厅、出发大厅		地面	200	80
	通道、连接区、扶梯		地面	150	80
	有棚站台		地面	75	80
	无棚站台		地面	50	80
公共 场所	门厅	普通	地面	100	60
		高档	地面	200	80
	走廊、流动区域	普通	地面	50	60
		高档	地面	100	80
	楼梯、平台	普通	地面	30	60
		高档	地面	75	80
	自动扶梯		地面	150	60
	卫生间	普通	地面	75	60
		高档	地面	150	80
	电梯厅	普通	地面	75	60
		高档	地面	150	80
	休息室		地面	100	80
	储藏室、仓库		地面	100	60
	车库	停车间	地面	75	60
		检修间	地面	200	60
影剧院 建筑	门厅		地面	200	80
	观众厅	影院	0.75m 水平面	100	80
		剧院	0.75m 水平面	200	80
	观众休息厅	影院	地面	150	80
		剧院	0.75m 水平面	200	80
	排演厅		地面	300	80
	化妆室	一般活动区	0.75m 水平面	150	80
		化妆台	1.1m 高处垂直面	500	80

6.1.4.2 灯具选择

依据照明标准确定了各房间的照度并选择光源后，即可根据房间的大小和功能选择灯具，在选择灯具时还应考虑空间的功能、风格、家具的布置、颜色等。不同的空间由于层高、空间性质、功能特点不同，照明形式及室内灯具也会有不同的变化（图 6-18）。

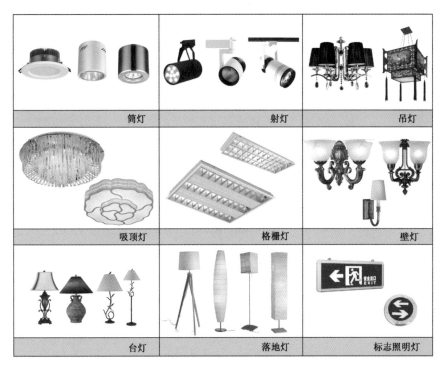

图 6-18　室内灯具

1. 筒灯

筒灯是镶嵌在顶棚内的掩藏式灯具，也有半嵌入顶棚或安装于顶棚表面的。这种灯具外观简洁，在视觉上一般并不为人注意，可保持顶棚的简洁、统一感，尤其适于低矮空间的使用。筒灯内部有铝制的反光罩，光源一般不会外露，避免眩光的同时有助于提高照度。

2. 射灯

射灯是一种局部照明用的灯具，主要特点是可以通过集中投光以增强某些特别需要强调的物体，使被照对象比周围环境更加明亮，摆脱空间的枯燥和乏味。射灯已被广泛应用在商店、展览厅、博物馆等室内照明中，以增加商品、展品的吸引力。目前，它已走向人们家庭，如壁画射灯、床头射灯等。

3. 吊灯

吊灯是悬挂在室内屋顶上的照明工具，经常用作大面积范围的一般照明。大部分吊灯带有灯罩，灯罩常用金属、玻璃和塑料制成。用作普通照明时，多悬挂在距地面 2.1m 处，用作局部照明时，大多悬挂在距地面 1 ~ 1.8m 处。吊灯的造型、大小、质地、色彩对室内气氛会有影响，在选用时要考虑与室内环境相协调。例如，古色古香的中式房间常配有中国古老气息的吊灯，西餐厅常配西欧风格的吊灯（如蜡烛吊灯、古铜色灯具等），而现代派居室则配几何线条简洁明朗的灯具。

4. 吸顶灯

吸顶灯是直接固定、安装于室内顶棚的灯具，多作为整体照明使用，可展现明亮、简洁的特点，大多有着白色或透明的玻璃、乙烯灯罩，发出漫射光线。吸顶灯适用于层高较低空间，如起居室、办公室、会议室等场所。

5. 格栅灯

格栅灯外形多为正方形、长方形，规格有 1200mm×300mm，600mm×600mm，安装时往往采用嵌入式，底面有铝制发光罩，表面配有铝制格栅或乳白灯罩，一般在室内多采用荧光灯作为整体照明使用。

6. 壁灯

壁灯是一种安装在墙壁、建筑柱体及其他立面上的灯具，一般用作补充照明使用。壁灯作为一种背景灯，光线柔和，可使室内气氛显得优雅。壁灯除了有实用价值外，它还有很强的装饰性，其独特的造型和光线能使平淡的墙面变得光影丰富，常用于大门口、门厅、卧室、公共场所的走道等。壁灯安装高度一般为 1.8 ~ 2m，不宜太高，同一表面上的灯具高度应该统一。

7. 台灯

台灯主要用于局部照明。书桌上、床头柜上和茶几上都可用台灯。它不仅是照明器具，又是很好的装饰品，对室内环境起着一定的美化作用。

8. 落地灯

落地灯也是一种局部照明灯具，它常摆设在沙发和茶几附近，作为待客、休息和阅读照明之用。

9. 标志照明灯

建筑空间中的标志照明主要有四类：一是指示出入口，如紧急避难口指示灯；二是指示道路，包括通道指示灯、观众席指示灯等；三是指示空间与设施，多用于问询、电话、医疗机构等处；四是提示功能，如用来提示禁行、禁烟等。

10. 反光灯槽

反光灯槽利用建筑装饰结构或构件对光源进行遮挡，使光投向上方或侧方，并通过反射使室内得到间接照明。所得到的光环境安静、均匀、柔和，并使空间获得开敞印象，突出构件的轮廓、外形。反光灯槽灯源多为荧光灯、LED 软管等。由于反光灯槽主要起加强层次等装饰作用，一般不作为室内主要照明，多用在吊顶上，也可用在墙面、地面等处。

6.1.4.3 室内照明设计程序

建筑室内照明设计程序分成以下 8 个步骤。

（1）明确照明设施的目的与用途。进行照明设计首先要确定此照明设施的目的与用途，是用于办公室、会议室、教室、餐厅还是舞厅，如果是多功能房间，还要把各种用途列出，以便确定满足要求的照明设备。

（2）光环境构思及光通量分布的初步确定。在照明目的明确的基础上，确定光环境及光能分布。如舞厅，要有刺激兴奋的气氛，要采用变幻的光、闪耀的照明；如教室，要有宁静舒适的气氛，要做到均匀的照度与合理的亮度，不能有眩光。

（3）明确适当的照度和色温。根据照明的目的选定适当的照度，根据活动性质、活动环境及视觉条件选定照度标准。照度还应该与色温组合得当，否则会给人造成不舒服的感觉。如果同一室内空间出现多种色温的照明，则易破坏该室内空间的整体感。

（4）保障照明质量。考虑视野内的亮度分布、光的方向性和扩散性，避免眩光。

（5）选择光源照明方式。

（6）选择照明灯具，并确定灯具位置。

（7）绘制施工图，编制概算或预算书。

（8）施工现场管理，照明调试及维修保护。

6.1.5　照明设计在室内设计中的应用

随着建筑空间、家具尺度及人们生活方式的变化，光源、灯具的材料，造型与设置方式都会发生很大变化，灯具与室内环境的结合，可以创造不同风格的室内情调，取得良好的照明及装饰效果。

1. 起居室

起居室是家中视听、休闲、会客的重要场所，是家庭的心脏，因此，高质量的照明设计就显得至关重要。起居室照明应选择适当的亮度、强度和颜色来搭配整体空间。明亮舒适的光线有助于空间气氛的愉悦，减轻眼睛视觉的负担。起居室通常采用重点照明和辅助照明交互搭配来营造空间的氛围（图6-19）。层高较高、面积较大的空间可采用吊灯，以利于形成视觉中心和较好的照度，使大空间感觉稳定；而层高不高、面积不大的空间，可选用吸顶灯，这样能够更好地营造亲切的氛围；对于墙面的装饰效果，一般采用射灯在空白墙壁及艺术品上投射，以便营造出浪漫神秘的氛围。

图 6-19　起居室通常采用重点照明和辅助照明交互搭配来营造空间的氛围

2. 卧室

卧室的光线以柔和为主。古人讲"明厅暗室"，这样有利于卧室的私密性以及温馨感。卧室的灯光照明应以温馨、偏暖的黄色为基调，以利于形成宁静、温暖的环境，使人有一种安全感（图6-20）。卧室中的基础照明需注意的是灯光要柔和、温馨、有变化，避免在床上方采用光线太强的吊灯，以免使室内显得呆板没有生气。卧室的主体照明可选用乳白色的灯具，并配以适当的灯罩，另外，可在床头距地约1.8m的墙上安装一盏壁灯，以便给卧室提供柔和舒适的背景照明。

图 6-20　卧室照明应以温馨、偏暖的黄色为基调，以利于形成宁静、温暖的环境

3. 餐厅

餐厅的照明设计受灯具的外形、顾客的满意度、食物类型以及服务对象等重要因素的影响。明亮而统一的灯光能形成活泼的气氛。居室餐厅照明通常采用有一定造型的吊顶，同时配合辅助照明，结合灯光色彩使空间显得明亮温馨（图6-21）；旅馆餐厅通常设置多套环境照明系统，并

根据季节、时辰调光，改变照明方式和光照强度，荧光灯照明会减弱菜品对顾客的诱惑，最好避免使用；高档酒店餐厅的照明强度一般要低，以营造一种雅致、浪漫的氛围。而对于餐厅中的重点设施，就要通过特殊的手法着重考虑，如服务台的照度可稍高，以避免昏暗的光线给顾客带来不便；吧台常设置必要的重点照明，适度的光线能突出酒水、玻璃制品的质感。

图 6-21　餐厅常采用吊顶，同时配合辅助照明，
结合灯光色彩使空间显得明亮温馨

4. 办公室

办公环境照明设计要根据具体工作要求来考虑。由于办公时间几乎都是白天，因此人工照明应与天然采光结合设计而形成舒适的照明环境。大空间多人办公室通常被家具分隔成许多单独的工作空间，其照明设计一般不考虑办公用具的布置，只提供均匀的一般照明，灯具布置一般宜设计在工作区的两侧，不宜设置在工作区的正前方（图 6-22）；对于小空间经理办公室照明，应根据办公室的功能分区布置照明设计，灯光设计要考虑工作区、会客区的位置关系。

图 6-22　多人办公室通常采用均匀的一般照明

5. 专卖店

专卖店照明是反映商店特性以及刺激顾客购买行为的重要内容。在商品销售过程中，除了要注重商品的品质和价格等因素外，更应注意强调品牌的定位和形象，以帮助人们完成购买过程。因此作为辅助销售手段的照明，不再拘泥于单纯的静态灯光效果，而是通过动态灯光、色彩

变化等方式来提升专卖店照明设计的质量（图6-23）。灯光环境的创造，不仅需要考虑所规定的量化指标，还需要考虑人的生理、心理和视觉等多方面的因素，只有巧妙地将照明技术和艺术相结合，才能获得出众的照明效果。如集中点式光源能形成精彩的照明效果，特别是对装饰品、珠宝、电子设备等小型商品，在其照射下会使人看上去更漂亮、更具吸引力。

6. 展厅

一般展厅照明常采用柔和的漫射型大面积发光灯具，展墙则采用嵌入式LED洗墙灯，均匀照亮墙面。特殊的展示国画或雕塑的展厅照明，通常采用暗藏嵌入式导轨与可移动式射灯相结合的照明方式，这种展览以观赏为目的，要求观察对象的亮度对比和色彩能尽量原真呈现，需要展品比背景更为明亮而突出，但不能因过于强调灯光而失去展品和背景的协调（图6-24）。当以调查研究为观察目的时，需要正确地表现观察对象的形状、色彩、质感等。有特殊保护要求的展品，光源和灯具都应采取紫外或红外防护措施。

图 6-23　专卖店常通过动态灯光、色彩变化等方式来提升照明设计的质量

图 6-24　展厅照明常采用暗藏嵌入式导轨与可移动式射灯相结合的照明方式，突出了观赏效果

6.2　水、电和 HVAC 系统

室内设计要考虑建筑设备的安装与处理。建筑设备是指维持、维护建筑正常运作、使用所需要的各种设备，主要包括给水排水设备、电气设备、暖通空调设备等。

6.2.1　室内给水排水

在室内设计中，上下水的管线设计是必不可少的。除了饮用水，还有煮饭、洗衣、清洁用水、消防用水等。室内给水系统的任务是将给水管网或自备水源的水引入室内，经配水管送至生活、生产和消费用水设备，并要满足水压、水质和水量的要求。室内排水系统的任务是将建筑内部人们的生活和工业生产中用过的水收集起来排到室外。

6.2.1.1　室内给水系统

1. 室内给水系统的组成

室内给水系统由进户管、水表、管道系统、配水装置和给水附件等 5 个部分组成（图 6-25）。

（1）进户管：从室外给水管将水引入室内的管段。

（2）水表：装在进户管上的水表及其前后设置的阀门和泄水装置的总称。

（3）管道系统：由干管、立管和直管等组成。

（4）配水装置: 各类水龙头和配水阀等。

（5）给水附件：调节和控制管道系统中水量的各种阀门。

2. 室内给水系统的布管方式

（1）下行上给式。住宅中最常用，即水平干管直接埋地敷设或走在暖气沟内，敷设在底层走廊天花板下。经配水立管由下向上，向用水点供水。

（2）上行下给式。常用于地下管线，由屋顶水箱供水的多层民用建筑。水平干管敷设在顶层天花板下或吊顶内，经配水立管由上向下，向各用水点供水。

（3）网状管式。有水平干管成环和立管成环两种，组成水平和垂直环状给水网，用于不允许间断用水的场所，如高层建筑。

3. 管道安装

给水管道需穿过承重墙时，应预留洞口，要求管顶上部预留净空不得小于建筑物沉降量，以防止压坏管道。给水管道可明设于顶棚下或地板附近。如果工艺要求暗装，给水

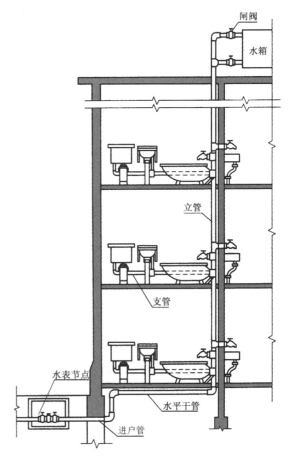

图 6-25　室内给水系统的组成

干管应尽量暗设在地下室顶棚下、设备层或地沟内。给水立管和支管宜敷设在管井或管槽内。

管道一般布置在水量大、使用频率高的空间里面，如卫生间、厨房、生活阳台等。这些地方装修时通常要修改用水点的位置，原有供水管道通常不够。以卫生间为例，除了热水器、面盆的龙头，有些用户还要安装洗衣机、拖把池等，需要增加管道。将管道布置固定好后，必须作水压试验，以免产生渗漏，然后装饰墙壁，让墙面整洁美观。

4. 热水供应方式

（1）局部供应。由局部的自动煤气热水器或电热水器制备热水，传送供给个别厨房、淋浴室使用。

（2）集中供应。集中制备热水或加热热媒，再输送到各使用点。

热水管需注意选用热水型管材及管件，墙内安装时，要注意热水管在上，冷水管在下。热水器应注意安装在离用水点较近的位置，较远时管道应作保温处理，以免损失热量，造成水流浪费。

5. 室内消防给水

消防给水包括室内消火柱及自动喷淋系统，按照建筑物的防火要求及规定需要设置消防给水时，一般应设消火栓消防设备。有特殊要求时，应另装设自动喷洒消防或水幕消防设备。

在室内装修时需要改变格局和界面时，应注意以下两点。

（1）室内消火栓应设在楼梯附近、走道灯明显的地点，便于使用。

（2）应保证有两支水枪的水柱同时到达室内任何部位，高层消火栓间距不大于 30m，多层不大于 50m，设计顶棚的造型应把自动喷洒的喷头位置考虑在内。

6.2.1.2　室内排水系统

室内排水系统是将建筑内日常生活中使用过的污水分别汇集起来，直接或经过局部处理后，及时排入室外污水管道。

1. 室内排水系统的构成

室内排水系统主要由卫生器具和排水管道系统组成。卫生器具是建筑内部排水系统的起点，是用来满足日常生活中各种卫生要求，并排除污废水的设备。室内卫生间设置各种卫生器具的数量，应根据卫生标准和有关的建筑设计规范确定。入口垂直的管道要安装存水弯以防止有害气体回流。排水管道系统由通气管、排水横管、排水支管、排水立管和排出管等组成（图 6-26）。通气管的作用是防止污水管内形成负压或正压破坏存水弯的水封。

2. 室内排水管道的安装

连接排水设备的排水管一般在地下埋设或在地面上、楼板下沿墙、柱明设。但架空管道，不得敷设在有特殊卫生要求的生产厂房内以及食品库和贵重物品仓库内，也不得布置在遇水会爆炸、损坏原料、产品和设备的房间上面，以防因管道漏水，影响室内卫生或引起安全事故。排水立管一般设在墙角、柱角或沿墙柱设置。立管应避免穿越卧室、办公室和对卫生、安静要求较高的房间。排出管的管线要短，尽量避免转弯。

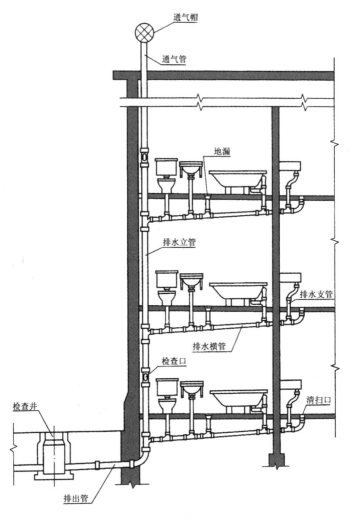

图 6-26　排水系统的组成

6.2.2　室内电气

室内电气设计应尽量考虑到未来用电要求，保证有足够的用电量。在室内设计中电气设计的任务是根据建筑空间的功能和设备，满足使用者的使用要求，配置足够的插座和开关。

6.2.2.1　室内电气系统

1. 用电量负荷计算

根据现行国家标准规定，一般两居室用电负荷为 4000W，相应的电能表为 10（40）A，进户铜线截面不小于 $10mm^2$，空调用电、照明用电的插座，厨房和卫生间的电源插座应分别设置独立的回路。除了空调插座外，其他电源插座应加装漏电保护。

一般家庭用电量应按照有可能同时使用的电器的最大功率之和来计算，取最大值。按照家用电器标注的最大功率计算出总用电量。当同时使用的家用电器的最大使用容量大于电能表容量时，必须更换电能表。

2. 强电和弱电系统

强电系统提供自动扶梯、电梯、HVAC 设备及其他特殊设备，如电炉、烘干机等所需的电路；提供日常照明、插座和一些日常家用电器设备所需的电路；提供应急照明所需的电路。其特点是电压高、电流大、功率大，主要考虑的问题是提高效率，减少损耗。

弱电系统电路一般是指直流电路或载有语音、图像、数据等信息的音频线路、视频线路、网络线路、电话线路等，电压一般在 32V 以内，比如家用电器中的电脑、电话、电视机的信号输入、音响设备输出端线路等。弱电的处理对象主要是信息，即信息的传送和控制，其特点是电压低、电流小、功率小、频率高，主要考虑的是信息传送的效果问题。

室内强电系统电路主要由进户线、总配电箱、干线、分配电箱、支线、用电设备组成。不同的配电系统及相同的配电系统的不同组成部分需要不同的电路。如在住宅设计中，常常把照明电路和供空调使用的电路分开设计。

配电箱是接受和分配电能的装置，对电路具有控制、保护和管理作用。其上装有用来接通和切断电路的闸刀开关、保护设备的熔断器（用来防止短路故障）以及用来监视供电系统运行情况的仪表等。

插座是移动式电气设备的供电点，单相插座有两眼和三眼两种，通常插座的使用范围为 2m 左右，可分明装、暗装两种。其位置应根据电气设备使用位置而定。因为插座平时是带电的，为了安全起见，明装插座应离地 1.3m 以上，暗装插座也应距地高 0.3m 以上。大型商场及办公室区域内，常用带盖的插座置于地面，这时要注意其密封性，严防渗水。在儿童活动场所，应采用安全插座。采用普通插座时，其安装高度不应低于 1.8m。

任何灯具都要在使用便利的地方安装开关。常见的开关有板把、拉线、声控、光控等类型。灯具开关通常布置在每个房间的靠门锁一侧，而不应安装在门后，两个或多个方向流通的空间宜用双控开关。开关距地面高度一般为 1.1 ~ 1.4m。

6.2.2.2　室内线路布置及敷设

室内线路布置分干线布置和支线布置两种。

1. 干线布置方式

从总配电箱引至分配电箱的供电线路称为干线。干线通常有以下 3 种布置方式。

（1）放射式。总配电箱至各分配电箱，均由独立的干线供电。这种方式的优点是当其中一个分配电箱发生故障时，不致影响其他分配电箱的供电。缺点是耗用的导线较多，增加了工程投资。

（2）树干式。由总配电箱引出的干线上连接几个分配电箱。一般每组供电干线最多连接 5 个分配电箱。这种连接方式降低了工程投资。它是目前小型配电系统设计常用的一种布置方式。

（3）混合式。这是上述两种布置方式的混合。如建筑物内重要部分用放射式，而其他部分用树干式布置。

2. 支线布置方式

由分配电箱引至电灯的供电线路称为支线，也称回路。布置支线时，应先进行负荷分组，即将电灯、插座等负荷尽可能均匀地分成几组，每一组由一个支线回路供电，负荷分组后也就确定了支线回路数。分组应尽量使各相的负荷平衡，最大负荷相和最小负荷相的电流差不应超过30%。每一支线连接的灯数一般不超过 20 盏（插座也按灯计算）。在室内装设的插座较多时，考虑到插座容易产生事故,最好专设回路,以减少照明事故。较大的房间如教室、绘图室等应设专用回路;走廊、楼梯间的电灯,宜由单独支线供电,以保证照明要求。

在室内工程设计中,常常遇到电气设计仅提供了配电箱的情况,这就要求室内设计师和专业人员,根据实际的需要进行各干路、支路的设计。有时也会遇到电路已设计,但各用电点的位置或数量(如开关、插座)皆不能符合室内设计要求的情形,这就要求室内设计师和专业人员相互配合,合理地对线路进行改造。一般情况下,供给某一室内空间的用电容量是确定的,这就需要设计人员尽早了解线路的总负荷,以便向供电部门申请用电量或申请增容。

电气设计的许多细节问题也常常需要室内设计师来解决,如各种用电器位置的确定,开关、插座和面板的外观等。这就要求室内设计师有一定的电气设计知识,了解电气使用的有关规范要求,读懂相关的电气图纸,熟悉图中的电气标志。

6.2.3 HVAC 系统

HVAC(Heating Ventilation and Air Conditioning),就是供热通风与空气调节。在室内导入供热通风与空气调节系统,可以有效地向室内提供热量或冷量,并释放室内的有害气体,以保证建筑中具有宜人的热环境条件和空气质量。

6.2.3.1 供热系统

为了使室内保持所需要的温度,向室内供给热量的工程设施即为供热系统。供热系统主要由热源、输热管道和散热设备三部分组成。如热源和散热设备都在同一个房间内,称为"局部供热系统"。这类供热系统包括火炉供热、煤气供热及电热供热。如热源远离供热房间,利用一个热源产生的热量去弥补很多房间传出去的热量,称为"集中供热系统"。

普通供热系统主要有热水供热系统、蒸汽供热系统、热风供热系统、辐射供热系统、太阳能供热系统等几种形式。

6.2.3.2 通风系统

为了把室内污浊的空气排出和向室内补充新鲜空气,所采用的一系列设备、装置的总体称为通风系统。通风系统是包括送风口、排风口、送风管道、风机、降温及采暖设备、过滤器、控制系统以及其他附属设备在内的一整套装置。按通风系统的工作动力不同,可分为自然通风和机械通风两类。

自然通风是借助于自然压力——"风压"或"热压"促使室内外空气的交换。常见的自然通风有管道式通风和渗透式通风。机械通风是依靠风机产生的压力,强制形成室内外的空气流动。常见的机械通风有局部机械通风和全面机械通风两种。

1. 送风口和排风口

室内送风口是送风系统中风道的末端装置,由送风道输送来的空气,通过送风口以适当的速度分配到各个指定的送风地点。

送风口有简单式和百页式两种。简单式风口不带调节装置,这种风口只能调节送风量,不能控制气流的方向。百页式风口配有百叶,其中双层百页式风口不但可以调节出口的气流速度,而且可以调节气流的角度。送风口的形状有长方形、方形和圆形等形式。

室内排风口是排风系统中风道的始端装置,室内被污染的空气经排风口进入排风管道。排风口通常做成百页式,以方形、长方形最为常见。

2. 送风口和排风口的布置

送风口一般布置在室内空间的上方，以使送出的空气从吊顶垂直或斜向吹出，送风口的布置要均匀；排风口常布置在吊顶上或室内空间的底部（图 6-27）。在大型空间中，每个房间的门可以结合通风格栅或底部留空，让空气得以进行大的循环，避免每一个房间形成单独的回路。

6.2.3.3　空调系统

1. 空调的作用

在进行室内空间设计时，考虑室内冷暖调节是必需的。空调可以调节控制某一空间内部温度、湿度和空气流通度，提供足够的新鲜空气，

图 6-27　送风口和排风口的布置

可以实现对室内湿热环境的全面调节，改善室内空气品质，使人在该环境中感到舒适。为实现这一目的，常用对空气加热、制冷、除湿和净化等方式来通风换气，保持室内最佳温度。

（1）加热。热泵型与电热型空调都有加热功能，其加热能力随室外环境温度下降逐步变小，若室外温度低于 −5℃几乎不能满足供热要求。

（2）制冷。在空调设计与制造中，一般允许将温度控制为 16 ～ 32℃。如若温度设定过低，一方面增加不必要的电力消耗，另一方面造成室内外温差偏大，人们进出房间不能很快适应温度变化，容易患感冒。

（3）除湿。空调在制冷过程中伴有除湿作用。室内环境相对湿度为 40% ～ 60%，人们才能感觉舒适，当相对湿度过大，如在 90% 以上，即使温度在舒适范围内，人的感觉仍然不佳。

（4）净化空气。空气中含一定量有害气体，如二氧化硫和汗臭、体臭、浴厕臭等臭气。这时就可以用空调净化空气，净化方法包括换新风、过滤、利用活性炭或光触媒吸附等。

2. 空调系统的分类

室内空调按空气处理方式，可分为分散式空调系统和集中式空气调节系统两种。

（1）分散式空调系统。将冷热源、空气处理设备和空气输送设备都集中在空调机组内，按需要布置在各个不同房间内。分散式空调是目前普遍运用的一种小型独立工作的空调，这种空调主机放在室外，安装方便，造价低，不影响室内空间的布置，有柜式、壁挂式、窗式。

①柜式空调适合空间稍微大点的房间，功率一般为 7000 ～ 12000W，空调机组可以像家具一样摆放在房间内。

②挂式空调是常见的一种，功率为 2200 ～ 7000W，用于 10 ～ 50m^2 的空间，常挂在墙壁上，与室外机组距离不超过 3m。

（2）集中式空气调节系统。将所有空气处理设备，包括冷却器、加热器、过滤器等，装置在一个集中的空调机房。这是非常理想的空气调节系统，不仅对空间的温度和干湿度进行调整，还过滤空气的杂质和粉尘，补充新鲜空气。这种空调需在室内铺设两种管道。一种是送风管道，将空气送到各个房间，管道呈枝状布置；另一种是回风管道，把空气送回机组内集中处理。在吊顶设计的时候，应综合考虑管道的位置，一般在顶棚上要占用 30 ～ 60cm 高的空间。

3.设置空调的注意事项

采暖和空调的设置与室内设计关系最为直接的是室内吊顶的高度、空调口形态以及室内的平面布置。设置室内空调需注意以下4个问题。

（1）空调出风口类型有新风口、地板回风口、条缝风口、百叶风口，造型各异，要选择合适的风口尺寸。

（2）安装中央空调时，要合理设置空调分区，以适应不同用途。

（3）空调周围应留有空间，以便于维修和日常清洁。

（4）空调出风口应安置在室内中轴线附近，让空气能均匀地流动，避免受到家具遮挡。

思考与练习

1. 在照明设计过程中，衡量光的几个基本物理量是什么？
2. 根据眩光产生的原因，阐述如何控制眩光现象的发生。
3. 室内设计中的照明方式有哪些？
4. 照明设计的作用与原则有哪些？
5. 简述室内照明设计的程序。
6. 室内建筑设备包括哪些，分别起什么作用？

设计任务指导书

1. 题目：室内空间照明设计

2. 设计目的与要求

（1）设计目的。通过此次作业，掌握室内空间照明设计的基本方法，特别是室内空间光环境气氛营造，并掌握功能空间的照度标准。该课题设计时可采用分组形式，每小组2~3人，主要锻炼学生如何适应学习，培养团队合作的精神。

（2）设计要求。分析空间功能、视线功能、灯具、眩光控制以及在此空间内人的行为特征；绘制平面图及主要立面图，并手绘前期照明方案；熟练掌握CAD、3ds MAX、VRay、Photoshop及DIALux等设计软件的应用。

3. 设计内容

在对所选定的室内空间进行测量、调研的基础上，进行各功能空间的更新设计。

4. 设计成果

（1）分析图（课题分析、功能分析、照明分析、设计说明）；

（2）平面图、立面图；

（3）手绘方案；

（4）室内灯具布置图；

（5）典型剖面灯光示意图；

（6）配光曲线图（光域网）；

（7）室内光环境效果图；

（8）做成A3版面，装订成册。

第 7 章

室内软装设计

7.1 软装设计概述

7.1.1 软装设计的概念及其特点

7.1.1.1 软装设计的概念

所谓软装，即软装饰。相对于传统"硬装修"，它实际上是在其基础上进行的继续设计，即在室内界面完成装修之后进行的二次装饰。而"硬装修"通常是指室内三大界面构成的不可移动的围合空间，如顶面、墙面、地面及门窗等固定结构进行的遮盖和修饰。二者之间是一种相互补充、相互依存的关系，没有后续的软装补充，室内空间的氛围、个性和温馨等特点就难以体现，二者之间只有完美地结合，才能形成一个完整的、可供人居住的"家"。

软装设计发源于现代欧洲，又称为装饰派艺术。它兴起于 20 世纪 20 年代，随着历史的发展和社会的不断进步，在新技术蓬勃发展的背景下，人们的审美意识普遍觉醒，装饰意识也日益强化。经过十年的发展，于 20 世纪 30 年代形成了软装艺术。软装艺术的装饰图案一般呈几何形，或是由具象形式演化而成，所用材料种类繁多且贵重，除天然原料（如玉、银、象牙和水晶石等）外，也采用一些人造物质（如塑料，特别是酚醛材料、玻璃以及钢筋混凝土之类）。其装饰的典型主题有人物、动物（尤其是鹿、羊）、太阳等，借鉴了美洲印第安人、埃及人和早期的古典主义艺术，体现出自然的启迪。出于各种原因，软装艺术在第二次世界大战时不再流行，但从 20 世纪 60 年代后期开始再次引起人们的重视，并得以复兴。现阶段软装已经达到了比较成熟的程度。

我国从 20 世纪 90 年代才开始研究室内软装设计，最初只是相对于室内界面的硬质材料而言，包括软包墙面、软织布类等，只是单纯表面意义上的"软"。2003 年开始逐步释放市场的潜力，中国家用纺织品协会发表声明，将室内家具、灯饰、窗帘、布艺、挂画、饰品、绿植等元素定义为软装设计；2005—2007 年开始将软装定位为个性化、高品位的室内设计的代名词；从 2008 年开始逐渐出现了专门的软装设计师和专门的软装设计公司。市场的需求使室内软装设计具备了广阔的发展空间。

7.1.1.2 软装设计的特点

1. 独特性

软装设计可根据室内空间的大小形状、主人的生活习惯、兴趣爱好和经济情况，从整体上综合策划装饰设计方案，体现出主人的个性品位，而不会"千家"一面。软装设计的巧妙运用能打破空间的标准化，赋予空间个性、时尚和独特的性格，将空间人性化，更加适合现代人追求与众不同的生活态度。

2. 灵活性

与硬装修一次性、不可逆性不同，软装设计体现的是可更换、可更新的特性，表现方法更加灵活。软装设计可根据客户的要求进行整体搭配，这种灵活配置解决了客户装修中单个采购的麻烦。通过设计师的灵活布局和整体设计，将室内软装产品进行重新组合，使室内配饰设计体现个性化，体现主人的品位（图 7-1）。

3. 装饰性

软装设计的装饰性主要体现在风格上，之所以称为风格是因为它是一个完整的系统，有自己的流派和特点。风格或多或少总是富于很强的历史文化特征和地域性特点，其色彩、元素、形式和布置方式，能明显地被识别。室内设计风格有很多种，如现代、后现代、中式、新中式、欧式、地中海式等，这些风格的特点很大一部分原因是由于它们具有一定的装饰韵味，软装设计正是基于这些风格的基础上对室内整体空间的进一步完善。

图 7-1　室内软装设计能体现空间个性化以及主人的品位

4. 情感性

软装往往是设计者和使用者情感的寄托，反映了人们内心的感受。华丽的装饰、富有创意的设计手法往往让人印象深刻，心旷神怡，给人以美的享受（图 7-2）。通过软装后期延续，能使人从情感上与空间发生交流，体会出空间带来的装饰魅力，人在这里才能完全得到放松。因此，一个优秀的软装设计是不需要太多语言去解释的，能给人以感觉体验就足以说明它对人的情感作用。

5. 时效性

软装设计将室内空间与时间组

图 7-2　软装华丽的装饰、富有创意的设计手法往往让人心旷神怡，给人以美的享受

图 7-3　软装设计的布置和色彩表述着空间的表情

合，使用者可以根据不同的季节，主题鲜明的节日，以及对使用者有特殊意义的时刻进行重新布置设计，看似简单细小的改变可以为使用者创造完全不同的空间氛围，或温馨、或优雅、或别致，让空间像季节一样充满不同的颜色和表情（图 7-3）。

7.1.2　室内设计与软装设计

从已经定义的室内设计的内涵来看，室内设计是从建筑设计中的装饰部分演变出来的，是对建筑物内部环境的再创造。室内设计泛指能够实际在室内建立的所有相关物件，包括墙面、地面、吊顶的造型，表面处理、材质、灯光设计，窗户、门、楼梯的设计，空调、水电、环境控制系统、视听设备等。随着室内设计的发展，人们对室内空间的品位要求越来越高，除了要满足基本的物质需求外，还要满足精神和文化的需求。当下室内设计水平总体不高，主要是设计师盲目追求经济价值和市场效益，对于室内设计文化的发展不太重视。因此，在室内设计中融入文化就显得至关重要。

提及文化（culture）一词，它实际源于拉丁语"cultura"，本意指耕作、培训、教育、发展、尊重等，其他含义均由此引申。这里的耕作指人类干预自然，用自己的劳动和技术得到自然界原来没有的创造物，广而言之，它是一种集成复合体，也就是知识、信仰、艺术、道德、技术、风俗以及作为一个社会成员所获得的能力和习惯的复杂整体。

从设计的角度上看，设计与文化的关系最为密切。我们从文化中吸取给养丰富我们的设计，从而使我们的设计更能体现对文化的发展。单从这一点来讲，设计与文化是一种并存的互补关系，设计创造新的文化，文化作用于设计，又更新着文化。

室内设计肩负着从现时的物质创造中发掘人性存在的任务，在反应消费文化的同时也沟通了社会与进步的联系。而室内软装设计的实质就是要反映消费者需求和适应人类文化发展的设计。就近几年室内设计市场的发展实践看，室内软装更为准确的内涵定义首先应该是不单从"软质"或者"移动"去考虑，还可以展开理解。装饰本来的解释是修饰、打扮，与空间设计相吻合，而"软"在中文字意里面的含义较为广泛，相对于"硬"而言，更偏重于思想、管理和文化层面。因此，软装如果在它本身包含的定义以及功能的前提下，从文化层面来认识，可能会更全面准确一些。

室内软装设计在室内设计中的文化地位日趋提高，而文化是艺术的内涵，艺术是文化的外观。自然环保的软装饰，因其基本可以忽略不计的污染源特点以及主张简朴非奢华的流动搭配概念，深得广大消费者的垂青，并且软装设计中文化和情趣的持续性较高，比较能够适应人的心理、生理的成长。

在室内设计中软装与硬装应该是相互渗透、相互融合的。如果我们将硬装修比作是"骨"，那么软装饰则是"肉"，二者只有完美结合，一个室内空间才能丰满且具有灵性。硬装上不能够解决的问题，在与室内软装的融合设计时都可以解决。"轻装修，重装饰"这个概念告诉我们今后室内设计要在软装设计上下工夫，而不是将资金投入到硬装修上，这样才能在后续的设计中达到完美统一的效果。可见真正的软装设计师应该是美学与结构学的杂家，由于室内软装设计是建筑视觉的衍生物，也是室内设计的重要分支，很多专家都提到，应该注重建筑与室内的完美融合，而不是反其道而行之。

7.1.3 软装设计的前景

近年来，伴随着中国经济的快速增长以及相关行业的蓬勃发展，软装饰行业愈加显示出其巨大的发展潜力，市场增长空间以平均每年 20% 左右的速度递增，而据一些调查资料显示，早在 2002 年，欧美家居软装饰的消费比例由 2001 年的 15% 上升到 28.5%，一年内提升了十多个百分点。中国作为世界上人口最多的国家，有数以亿计的家庭，这个数量相当于整个欧洲的几倍。据 2005 年的数据统计，一个家庭用于软装设计的花费每年平均为 7786.8 元，而且随着年数的递增，在家居软装方面的花费还会不断提升。软装行业正以一个蓬勃的势态发展，成为一个新兴的产业。当然，这些数字说明人们的生活水平在不断地提高，对生活质量的要求越来越高，也就是说，不光是人们对家居软装开始注重质量的提高，同时人们的审美观念也发生了巨大的变化，人们越来越追求美的东西，因为只有美的东西才能得到人们的热烈追捧。

有需求才会有市场，市场的需求直接关系到软装行业的发展。目前软装设计的消费区域主要集中在高档酒店、休闲娱乐场所、高端小区以及私人别墅等不同空间，因为这部分室内空间对审美需求要求较高，投资力度也比较大。随着家装市场的不断扩大，软装行业在家装中逐步确立了地位，尤其是快速成长起来的"80 后"，对生活质量的要求比较高，同时也都有自己的一套对家居装修的理解，并且非常乐于在家居方面投入更多的时间和精力。虽然年轻的消费群体的消费能力还有限，但从大的方面来讲，都在积极地推动着软装行业的发展。其次，年龄在 40 ~ 50 岁的人群是软装行业的主要消费群体，尤其是高端层次的消费群体，他们一般都是事业有成、追求有品位高质量生活的人，这些都极大地加速了软装行业的发展。

7.1.4 软装设计的元素

室内软装产品是体现室内空间效果的主要元素。依据软装产品的特性和用途可将软装设计元素分为 5 类：家具类、纺织物类、灯饰类、饰品类以及室内绿化。

7.1.4.1 家具类

家具是室内软装设计最重要的一类。家具的形状多样，在软装空间形象设计方面起到主导作用。家具与我们的生活息息相关，庞大的家具家族几乎能够满足我们全部的生活需求，并且在表达室内风格方面起到至关重要的作用。随着社会的进步和人类的发展，现代家具的设计几乎涵盖了所有的环境产品、城市设施、家庭空间、公共空间和工业产品。由于文明与科技的进步，现代家具设计的内涵是永无止境的。

1. 家具的分类

按照家具结构可将家具分为储藏类家具、分割类家具、组合类家具。

图 7-4 卧室的衣柜设计

储藏类家具主要以储藏或存放为目的。这类家具种类繁多，比如卧室的衣柜、餐厅的酒柜、书房的书架、厨房的吊柜、卫生间的收藏柜、商场的陈列柜等。这类家具的主要特点就是储藏空间大，能增大室内其他空间的使用效率，特别适用于小户型家庭（图 7-4）。为了合理存放各种物品，在设计储藏类家具时，必须仔细了解和掌握各类物品的常用基本规格尺寸，以便根据这些尺寸分析物与物之间的关系，合理确定适用的尺度范围，以提高收藏物品的空间利用率，力求做到使储存物或设备有条不紊，分门别类存放和组合设置，使室内空间取得整齐划一的效果，从而达到优化室内环境的作用。

分割类家具一般兼具分割空间和观赏的双重功效。为了使室内空间更具有灵巧性，以及更加有效地使用空间，这类家具通常以实体的形式分割空间，且实体形式也会紧紧伴随着总体设计风格而存在。如中国传统建筑中常用的博古架，就是分割室内空间的典范，通透式的形态可摆放各种古玩摆件，给人以多维的视觉体验感。另一个用家具划分实体空间的典范是屏风，中国传统的屏风早期是用来放在后堂挡风的，后来逐步演变成了一种观赏和阻隔人们视线的家具。由于屏风的可折叠性，分割的空间又可以随时变换，使得屏风发扬光大。

组合类家具包括单体组合式和部件组合式两种类型。单体组合式采用尺寸或模数相同的家具单体相互组合而成；部件组合式家具通常采用标准化较高的部件通过不同组装方式构成不同的家具形式。在实际空间中，消费者可根据房间大小的需要，用不同的单体组合来满足不同空间的摆放，如沙发组合、椅子组合、衣柜组合等（图 7-5、图 7-6）。同时，消费者还可以通过部件组合完成家具的组装。组合类家具多是板式家具，结构较为简单，大多是由基本的板块组成，板与板之间的连接采用的都是标准件，板子能够组合成不同功用的家具。

图 7-5 沙发组合

2. 家具的作用

家具在室内软装中的作用不只是使用，它同时还具有定义空间的功能，如划分室内空间、营建环境氛围、体现社会文化等。

（1）划分室内空间。在室内空间中，轻质隔断是最常用到的分割空间的手段，但是这种分割方式比较死板，想再移动非常困难。如果利用家具来组织空间，形成人的心理空间，就会变得非常灵活，能有效地提高空间的利用率（图 7-7）。

（2）营造环境氛围。家具的色彩和质地在室内空间氛围中起到了重要的作用。选择家具时，首先考虑的是选定什么颜色为主体色调，因为家具的色彩是控制室内环境主体色彩的主要部分。家具色彩应与室内主要界面色彩协调统一，界面的色彩、质感往往成为家具的背景，可采用调和、对比的手法来处理，这样的空间既有变化又不显得乏味（图 7-8）。

图 7-6　椅子组合

图 7-7　利用家具围合空间，能有效地提高空间的利用率

图 7-8　家具色彩与窗帘色彩既统一，又有对比，
空间既有变化又不显得乏味

图 7-9　不同的室内空间也因为家具风格的不同
而对人产生不同的心理感受

图 7-10　床品和窗帘相互结合，使得空间的质感
更加柔软，增添了家的感觉

（3）体现社会文化。家具是一种具有文化内涵的产品，它是特定的一个时代、一个特定民族的生活习俗文化背景的体现，家具的演变也体现了社会文化以及人的心理行为和认知的发展。每一个民族文化的发展、演变都对室内设计及家具风格产生了极大的影响。换言之，不同时期的家具反映出不同时期的社会文化背景及民族特色，不同的室内空间也因为家具风格的不同而对人产生不同的心理感受（图 7-9）。

7.1.4.2　纺织物类

纺织物类在室内软装设计中以"布艺"相称，其质地贴近人类肌肤，和人类的关系最为亲密。如窗帘、床上用品、地毯、靠垫、桌布、壁挂、刺绣等，这些室内家纺在家居中的运用，占了所有软装成品的 50% 以上。可以说没有布艺的设计，是不完整的家居。布艺是室内色彩的调色板，能够柔化空间，丰富空间层次，是家居氛围和情调的主要渲染者，用布艺软装饰来装饰室内空间已成为人们打造室内空间氛围的主要手段。

布艺在室内软装设计中有以下特点。

（1）用途广泛，材质可塑性强。布艺是室内设计的重要组成部分。如酒店室内空间、餐饮空间、居住空间等都需要布艺的参与。居住空间的布艺构成主要是窗帘、沙发、靠垫以及床上用品等。如卧室的温馨基本是靠布艺来打造的，床品和窗帘是提升卧室温馨度的关键。这些软装饰材质与硬装结合在一起，使得空间的质感更加柔软，增添了家的感觉（图 7-10）。

布艺材质可塑性很强，能够制成各种各样的室内物品。大到窗帘、床上用品，小到一个餐巾盒，都可以用布艺来装饰。精美的布艺本身就是一种艺术，很多布料图案设计通过运用抽象、夸张的艺术手法组成了非常纯美的艺术品。这种布艺材质的可塑性使得室内装饰空间变得更加富有动态和情感，丰富了人们的生活。

（2）色彩丰富，装饰功能多样。现代纺织业每年都有上千万的新花色品种进入市场，更新换代速度很快。因此，在软装上有了更多的选择和发挥设计的空间。色彩丰富的面料给室内空间带来了更多的活力，小面积的运用往往成为一个区域的亮点。例如，靠垫是家里随处可见的一个既实用又有装饰作用的布艺，一款精美的绣花靠垫、一个小小的布艺餐垫都能够提升空间的气氛，诉说空间的语言（图 7-11）。

（3）材质轻便，容易更换。软装布艺是室内颜色的载体，更换布艺就是更换了室内的色调，而色彩是体现室内气氛的最主要因素。因此，依靠更换布艺，既简单易得，也容易达到效果。一般来说，把窗帘换一个款式和颜色，沙发更换面料，或者更换床品，把这些要素重新组合搭配，整个室内将焕然一新。这比单纯从硬装上来改变室内空间效果要容易得多。

图 7-11　精美的绣花靠垫能够提升空间的气氛

（4）制造情调，烘托气氛。布艺天生就具有一定的亲和力，每一种材质的质地都能表达出空间的感受，亚光的纯棉布显得质朴淳厚，带有光泽度的丝绵材质可以打造华丽的空间，麻质具有纯天然的、乡村的情调，绒质的布艺则散发着优雅与知性。布艺是营造气氛的高手，如喜庆的婚房用柔软布艺来装扮，以提升婚房的温馨与浪漫（图 7-12）。

图 7-12　用柔软布艺来装扮喜庆的婚房，以提升婚房的温馨与浪漫

图 7-13　灯饰既能照明又能兼做饰品装饰空间

7.1.4.3　灯饰类

在室内软装设计中，灯饰是室内不可或缺的饰品之一，既能照明又能兼做饰品装饰空间，丰富了人类的夜间生活，给室内软装设计提供了新的表现手法（图 7-13、图 7-14）。灯饰能影响人对物体大小、形状、质地、色彩的感觉，可以自由地调节光的方向和颜色，还可以按照室内的用途和特殊需求进行光的设置。另外，不同的灯饰带给室内的空间意境和气氛的视觉效果也是完全不同的。如水晶灯的幻丽灿烂，衬托豪华格调；镀金铜灯古朴典雅，展现欧陆风情；镀铬、镀镍的金属灯渗透一丝沉静，具有极强的现代感（图 7-15、图 7-16）。

随着人们生活品位的提高，对灯饰的要求也在逐步提高，选择灯饰时首先应根据不同的场合、不同功能空间、不同的使用目的，对灯饰的照明方式、照度做细致的分析和设计；其次，灯饰的样式要讲究造型、材料、色彩、比例和

图 7-14　独特的灯饰设计给室内软装提供了新的表现手法，丰富了空间效果

图 7-15　水晶灯的幻丽灿烂，衬托出了空间的豪华

图 7-16　镀金铜灯古朴典雅，展现欧陆风情

尺度，充分利用灯饰形态特征进行室内空间装饰；最后，为了增加空间效果，丰富和改善造型的某些要求，可利用光的变化、分布来创造各种视觉功能，利用灯光的色彩及织物、帷幔、地台对室内空间进行虚拟分隔，形成吸引视线的区域。

7.1.4.4　饰品类

　　饰品是室内软装空间的亮点，是展示空间品位和主人学识的地方，是居住空间氛围和品位的重要表达。饰品就像是人身上佩戴的各种装饰物一样，能给室内空间增添不一样的风情。没有饰品的室内空间是空洞和乏味的。好的居室饰品布置不仅能给人们感官上带来愉悦，使人心旷神怡，而且还能填补空间空白，联系各个物体之间的关系（图 7-17）。

　　室内设计中的饰品多种多样，主要包括抱枕、毛绒饰品、装饰工艺品、装饰铁艺、花艺、挂画、收藏品等。室内饰品布置和选择有时是同时完成的，因为布置的地方和功用直接影响了选择。通常会根据一些形式法则如对称与均衡、

图 7-17　饰品不仅能给人们感官上带来愉悦，使人心旷神怡，而且还能联系各个物体之间的关系

图 7-18　家居饰品的对称均衡

统一与变化、节奏韵律、主次关系来布置饰品。要想达到良好的最终效果，细致地考虑陈设方式就显得尤为重要。

家居饰品摆放时应注意以下 5 点。

（1）对称均衡。家居饰品的组合要注意对称均衡。排列的顺序应由高到低，以避免出现视觉上不协调感，抑或保持两个饰品的重心一致。例如，将两个样式相同的灯具并列，两个色泽花样相同的抱枕并排，这样不但能制造和谐的韵律感，还能给人以祥和温馨的感受（图 7-18）。

（2）把握好整体风格。根据室内整体风格与色调布置饰品就不容易出错（图 7-19）。例如，简约的居室设计，具有设计感的家居饰品就很适合整个空间的个性；如果是自然的乡村风格，就以自然风的家居饰品为主。

（3）摆放切忌杂乱。饰品摆放需要有一定的规则，把握疏密得当的同时，应注意饰品与空间的关系、物体的大小比例、色彩的对比与呼应等。否则，就有可能成为没有任何欣赏价值的杂物储藏。

（4）从小饰品入手。小摆件、抱枕、小挂饰等小饰品往往会成为视觉的焦点，更能体现主人的兴趣和爱好（图 7-20）。布置时可从这些小饰品着手，再慢慢扩散到大型的家具陈设。

图 7-19　饰品色调与室内整体风格相一致

图 7-20　小饰品的摆放往往会成为视觉的焦点

（5）考虑观赏效果。饰品的陈设更多的是用来观赏，因此，布置时应从使用者的观赏视线及角度出发，寻找最佳角度和位置。如墙上挂画，除了考虑画的内容形式与尺度大小以外，还要考虑挂画的方式、悬挂的高度与视线的关系以及照明效果等因素。

7.1.4.5　室内绿化

室内绿化指的是室内具有观赏性的植物。室内绿化设计是结合室内环境和人的生活需要，通过绿化对室内空间进行装饰、美化。绿化要素由各种类型的绿色植物和花卉所构成，此外，山石、水体、动物等也可成为室内绿化的组成部分。

1. 室内绿化的作用

室内绿化作为一种生态因素，能够提高环境质量和人的舒适度，满足人们身体和心理方面的需求。它的主要作用有以下 3 个方面。

（1）消除室内空间的生硬感。室内户型结构、家具、电器设备，很多都是方形，带有棱角，让人看起来毫无生气。而室内植物可以改变这种空间环境单一、呆板的感觉，营造变化、丰富的空间效果。植物与其他陈设工艺品相比，更具活力和动感，它们能通过自由的形态、丰富的色彩和质感强调室内环境的表现力。植物的轮廓生动自然，形态多变，大小、高低、疏密、曲直各不相同，正好与室内环境相融合，消除了室内空间的生硬感（图 7-21）。

图 7-21　植物的姿态与色彩能消除室内空间的生硬感

（2）自由组织空间。植物的摆放能够填补一些空间上的死角，使空间更加舒畅饱满。精巧的室内绿化设计，通过对视线的聚焦和遮挡，能够调整、引导人的观察视角，能够解决一些空间结构不理想的问题。通过植物的阵列布置，可以自由地分隔空间，形成隔断或者围合的虚拟空间，从而更好地实现某些特定的空间功能（图 7-22）。

（3）改善室内物理环境条件。室内绿化可以用来调节室内温度和湿度，吸收有害气体，增加负离子，释放出氧气。绿化还可以净化空气且具有隔声作用，

图 7-22　绿色植物能够自由地组织空间，形成隔断或者围合的虚拟空间，从而更好地实现某些特定的空间功能

图 7-23　绿色植物能改善人的情绪、消除疲劳、
缓解忧郁，使人心情开怀

并能遮挡阳光，吸收辐射，起到隔热等实用的作用。另外，在室内引入绿色植物还能改善人的情绪、消除疲劳、缓解忧郁，使人心情开怀（图 7-23）。

2. 室内植物的类型

室内植物种类繁多，大小不一，形态各异。目前，适合室内栽培的植物按观赏特点，可分为观叶植物、观花植物。按植物学的分类，可分为木本植物、草本植物、藤本植物和肉质植物等。

木本植物类：苏铁、棕榈、山茶花、蒲葵、海棠、栀子、垂榕、印度橡胶树、鹅掌木、假槟榔、三药槟榔、棕竹、大叶黄杨、金心香龙血树等（图 7-24）。

鹅掌木　　　　　　蒲葵　　　　　　印度橡胶树

海棠　　　　　　栀子　　　　　　大叶黄杨

垂榕　　　　　金心香龙血树　　　　　棕竹

图 7-24　木本植物

草本植物类：万年青、文竹、龟背竹、兰花、吊兰、水仙、海芋、非洲紫罗兰、金皇后、银皇后、火鹤花、金边五彩、水竹草等（图 7-25）。

图 7-25　草本植物

藤本植物类：黄金葛、绿串珠、大叶蔓绿绒、薜荔、常春藤等（图 7-26）。

图 7-26　藤本植物

肉质植物类：仙人球、仙人掌、仙人柱等（图 7-27）。

图 7-27　肉质植物

3. 室内绿化的布置

室内绿化的布置方式多种多样，主要有陈列式、攀附式、悬垂式、壁挂式、植栽式等。

（1）陈列式。陈列式是室内绿化最常用的布置方式。可将盆栽放置在桌面、茶几、窗台和墙角，以构成中心视点；也可将盆栽摆放成一排或是自由的几何图形，组织室内空间（图7-28）。

（2）攀附式。大空间的某些区域需要分割时，可以采用攀附式的布置方式。使用栅栏附以攀附植物，在尺度、形态、色彩等方面协调，以使室内空间分割合理、实用（图7-29）。

（3）悬垂式。悬垂式是指在室内较大的空间内，结合吊顶、灯具悬挂植物来延伸空间。

图7-28　陈列室布置

在窗前、墙角、家具旁悬挂有一定体量的悬垂植物，可以改善室内的生硬感和单调感，营造生动活泼的立体空间（图7-30）。

（4）壁挂式。室内墙壁绿化也深受人们的欢迎。在墙上设置局部凸起的墙面或者墙洞，放置盆栽植物，或沿墙面种植攀附植物，使其沿墙面生长，或在墙上搭建花架放置花盆，都能达到丰富空间的目的（图7-31）。

（5）植栽式。大型木本植物采用盆栽方式通常不易成活，需要直接植栽。这种方式多用于大型的底层空间以及庭院等场所（图7-32）。植栽时，应注意不同植物的层次，疏密协调，同时考虑与山石、水景等结合，给人以回归大自然的美感。

图7-29　攀附式布置

图7-30　悬垂式布置

图 7-31　壁挂式布置 　　　　　　　　　　　　　　图 7-32　植栽式布置

7.2　软装设计风格与布置原则

7.2.1　软装设计的流行风格

风格是一种艺术形式发展成熟的标志，同时体现出某种境界。软装艺术风格与建筑、室内设计和家具等的风格流派紧密结合，同时受到同时期的绘画造型艺术、音乐艺术、文学艺术等各种思潮的影响。

7.2.1.1　中式风格

中式软装艺术配饰集中体现了中国传统文化、生活修养和艺术造诣，受到中国传统文化"天人之学"即对天道、人道和对知天、知人的认识观以及传统建筑环境的影响，中式装饰风格总体讲究均衡对称布局，造型朴素优美、格调高雅，色彩浓重而成熟，富有层次感；材料以木材为主，在装饰图案上崇尚自然情趣，精雕细琢、瑰丽奇巧，充分体现出中国传统美学的精髓与文化的博大精深。中式风格大致可分为中式传统古典风格和现代新中式风格。

中式传统古典风格是以明、清宫廷建筑为基础的装饰设计风格，装饰元素受到两方面的影响：一是森严的等级制度规定不同的等级使用不同的装饰与色彩；二是受中国人推崇的祥瑞文化，吉祥的纹样、图案、色彩和数字用于室内装饰，因此中式装饰风格融入了端庄、稳重与优雅的气质，造型优美，工艺考究。传统室内装饰品包括中国书法、中国画、匾额、对联、屏风、钟鼎、铜镜、瓷器、博古架、盆景以及小的饰品等，饰物具有浓烈的文化韵味和民族特色。在装饰色彩上以庄重的黑色、凝重的红色系和富贵的黄色系为主，色彩强烈，多用原色，且色不混调。为了祈福与吉祥，装饰图案以祥瑞和自然情趣的结合为主，如麒麟、凤凰、鱼、龙、狮子、猴子及各类奇花异木等。在装饰手法方面，将中国园林的传统手法运用到室内装饰中，在有限的室内空间中营造步移景异的装饰效果，以恬静、含蓄、幽深的传统艺术手法引发联想，创造意境，让人回味无穷。

新中式风格是在现代人对中国传统文化的眷恋与敬仰之情下产生的。新中式风格并非完全意义上的复古，而是通过寻求传统文化与现代生活的契合，表达对清雅含蓄、端庄丰华的东方式精神境界的追求。新中式风格装饰饰品的种类更加丰富，如旧家具、老建筑的构件（隔扇、门窗、斗拱等）、宗教构件（佛像、宗教器具等）、传统雕刻物、老乐器等都可以作为装饰的元素，既能满足形式上的审美需求，又能从内容上起到自勉、警示、烘托和点题的作用。

　　新中式风格主要包括两方面的内容：一是中国传统风格文化意义在当前时代背景下的演绎；二是对中国当代文化充分理解基础上的当代设计。新中式风格不是纯粹的传统元素堆砌，而是以传统文化内涵为设计元素，以简化繁，通过对传统文化的认识，将现代元素和传统元素结合在一起来打造富有传统韵味的室内空间，让传统艺术在当今社会得到合适的体现。在室内装饰布局、造型及色调等方面吸取传统装饰的"形"与"神"，以画龙点睛的方式结合现代室内空间的特点，以现代人的审美需求将传统文化元素古为今用，不仅装饰了空间，而且承载了传统文化与历史，以独具韵味的艺术来营造传统文化氛围（图 7-33、图 7-34）。

　　随着新材料、新工艺的不断涌现，简单的引用或展示配饰品已不能表现传统装饰元素在现代生活中新的生命与活力，应在深刻理解传统文化的背景下对中式传统元素重新定位，删繁就简，统一协调，利用传统的形式来满足现代社会所需要的功能，使室内设计呈现意境深厚的装饰韵味。

7.2.1.2　田园风格

　　田园风格是通过装饰装修表现出田园的气息。之所以称为田园风格，是因为田园风格表现

图 7-33　新中式风格以简化繁，体现了传统装饰的　　　　图 7-34　新中式风格具有意境深厚的装饰韵味
　　　　　　"形"与"神"

的主题以贴近自然，展现朴实生活的气息为主。田园风格最大的特点就是朴实、亲切、实在、接地气。

田园风格在美学上推崇自然，在室内空间中力求表现舒畅、悠闲、返璞归真的田园生活情趣，只有结合自然，才能在当今快节奏的社会生活中获取生理和心理的平衡。因此田园风格力求表现自然的田园生活情趣。而这样的自然情趣正好处于现今人们对于人类城市扩张迅速，城市环境恶化，人们日渐互相产生隔阂而担心的时代，迎合了人们对于自然环境的关心、回归和渴望之情，因此也就造就了田园风格设计在当今时代的复兴和流行。

田园风格包括英式田园风格、美式乡村风格和中式田园风格。英式田园风格整体内敛、浪漫而不张扬，让人们充满了对罗曼蒂克生活的向往，在装饰上喜爱碎花、格子以及苏格兰图案，陶瓷制品也是必不可少的装饰品，陶瓷、雕刻配饰品采用纯手工的制作工艺，以强调英式田园永恒浪漫的主题（图 7-35）；美式乡村风格的形成受到了各种移民文化的影响，属于自然风格的一种，以天然的木、石、藤、竹等质朴材质装饰，将不同

图 7-35　英式田园风格整体内敛，浪漫而不张扬

风格中的优质元素汇集融合、重构，自然斑驳的陈旧感适合怀旧，艺术配饰品带有岁月的印记耐人寻味，充满了对自然生活的想象与向往；中式田园风格讲究空间层次，多用隔窗、屏风来分割，用实木做出结实的框架，以固定支架，中间用棂子雕花，做成古朴的图案，家具陈设讲究对称，重视文化意蕴，配饰擅用字画、古玩、卷轴、盆景，精致的工艺品加以点缀，彰显主人的品位与尊贵。

7.2.1.3　欧式风格

欧式风格是整个欧洲文明的代名词，主要是指影响欧洲建筑主流思想的希腊、意大利、法国、英国、西班牙、荷兰、比利时等国家的建筑及室内设计风格，受哥特式、文艺复兴式、巴洛克式、洛可可式、浪漫古典主义等元素的影响。欧式风格整体感觉华丽精致，注重表现材质的质感、光泽，时而豪华贵气，时而精美纤巧，时而浪漫怀旧，时而简单中性，大气且富于变化的视觉效果使得欧式风格使用广泛，高档住宅公寓以欧式风格体现生活的品质，很多会所、酒店、咖啡厅等公共空间以欧式风格展现环境气场的高贵、奢华大气的感觉。欧式风格的装饰精致奢华，艺术雕塑、名贵油画、金银器皿、工艺考究的水晶灯……随意的搭配体现出人们舒适、从容的品质感。

欧式风格以白色和银色为主，也可以用某一种单色营造出独特的氛围，如蓝色代表高贵、沉静；红色象征希望、智慧、财富和权力；绿色诠释生命与和平；金色象征皇族等。在为欧式空间设计

图 7-36　简欧风格保留了欧式风格的豪华与典雅，
又符合现代人休闲、舒适的生活理念

配饰时，除了要从视觉、质感考虑外，还要注重手感，营造和谐空间。

在现实的设计中，欧式风格过于复杂的装饰不适用现代人的心理，因此，吸取欧式风格的"形与神"，简化欧式风格过于复杂的装饰，形成了"简欧"风格，在欧式风格的基础上，保留了欧式风格的豪华与典雅，又符合现代人休闲、舒适的生活理念（图 7-36）。

7.2.1.4　地中海风格

地中海位于亚、非、欧三大洲交界处，冬季温和多雨，夏季炎热干燥，阳光充足，这种气候的特点使地中海沿岸的建筑空间开敞，明亮舒缓。地中海人的生活充满了各种文化的色彩，因此地中海风格并不是一种单纯的风格，而是经过自然地理环境以及各民族文化融合而成的一种极具浪漫主义情怀的混搭风格，带给人的视觉感受是蓝天、海岸、阳光和跌宕起伏的海浪线，如同沐浴在夏日阳光明媚的海岸。地中海风格无论是材质还是色彩都与自然达到了很好的默契，展现的个性特征是大胆、简单、民族特征和丰富的色彩，人们的生活空间轻松舒适，因此室内少有夸张刻板的装饰。

地中海风格（图 7-37）在空间造型上常用圆形拱门，通常采用数个组合连接形成拱廊，具有较强的透视感，用壁龛、壁画装饰墙壁，墙壁隔断采用半隔断；在软装设计上通常使用以低彩度色调和纯棉织物为主的布艺材质，舒适淳朴；在材质上通常使用瓷砖、贝类、瓦罐、小石子、玻璃片等原汁原味的素材进行创意组合装饰，给人以质朴纯美的感觉。

地中海风格的色彩使用较有特色。取自大海、蓝天白云的蓝色和白色的色彩搭配最具典型。该地区居民大多信奉伊斯兰教，而伊斯兰教的主导色调就是蓝色和白色，白色的沙滩与村庄，与碧海蓝天浑然天成，将蓝色与白色的组合发挥到了极致；土黄色与红褐色搭配是北非特有的沙漠、岩石等天然的颜色，再加上北非植物的深红和黄铜饰物，使整体空间色彩搭配带来浩瀚生机的感觉；黄、蓝紫与绿色搭配取自植物的颜色，向日葵、薰衣草与绿色叶子相配，形成具有自然情调的色彩组合。

7.2.1.5　东南亚风格

从地理位置上看，东南亚是指亚洲东南部地区，具有典型的热带季风气候。东南亚建筑属于东方建筑文化系统，受到中印古老文化的影响，同时在深受宗教文化的影响下摒弃奢靡

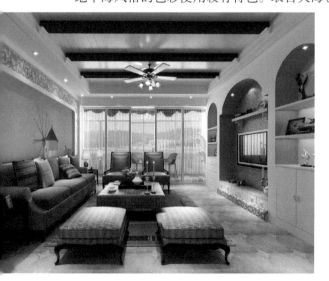

图 7-37　地中海风格利用独特的元素和色彩，
给人以质朴纯美的感觉

与浮华的元素，整体搭配感觉自然质朴，充分展现了人性化和个性化（图 7-38）。自然的元素，艳丽的色彩，抽象的图案，细腻的彩绘，常绿的热带植物，呈现出极端沉静与浓烈并存的异域风情，营造出东方古老神秘悠然的意境。

东南亚艺术配饰的材质大多源自天然，泰国的木材，印度尼西亚的老藤、木雕，马来西亚的水草、竹子是东南亚室内配饰材质的首选，让人从视觉上感受到泥土质朴的气息，配饰自然古朴中散发着低调神秘的妩媚，配饰的图案造型与宗教、神话相关，莲花、大象、芭蕉叶、菩提树、佛像等是装饰品的主要图案。东南亚风格的装饰色彩具有强烈的识别性，浓烈低调的色彩在沉稳中体现出高贵、从容的气质。精致的木雕，泰丝抱枕，精巧的藤椅，造型传神的佛手，泰国的锡器，妩媚的纱幔，看似随意的摆放中透出东南亚异国情调。

图 7-38　东南亚风格摒弃了奢靡与浮华的元素，整体搭配自然质朴，充分展现了人性化和个性化

7.2.1.6　现代简约风格

简约风格源于 20 世纪初期的西方现代主义，西方现代主义源于包豪斯学派，包豪斯学派提倡以新的技术经济地解决好新的功能问题，在建筑装饰上提倡简约。简约风格的特色是将设计的元素、色彩、原材料简化到最少的程度，但对色彩、材料的质感要求很高。因此，简约设计通常非常含蓄，往往能达到以少胜多、以简胜繁的效果（图 7-39）。

现代简约风格大多选择简约的线条装饰，显得柔美雅致或苍劲有节奏感，让居室能够充分享受由简约线条组合起来的留白空间。

图 7-39　现代简约风格含蓄内敛，往往能达到以少胜多、以简胜繁的效果

享受空间的魅力以及留白，这是简约主义里最重要的主题和特点。简约风格不仅注重居室的实用性，而且还体现出精致与个性，符合现代人的生活品位，如窗户装饰就由多重图案的窗幔转为单直帘或单片窗帘，色彩也由多重转化为单主题色彩的用色。

现代简约风格的最大特点是同色、异材质的多重叠使用，使装饰效果耐人寻味，创造出更高的欣赏价值。不同材质、色系的媒介以不同的形式和灯光搭配在一起，使光影和环境产生的意境

图 7-40　通过饰品的大小、黑白、刚柔的相互
对应体现其神奇魅力

图 7-41　新古典主义软装更加强调实用性，
而不是突出烦琐的装饰造型纹饰

达到了一种创作美。如通过饰品的大小、黑白、刚柔的相互对应体现其神奇魅力（图 7-40）。另外，现代简约风格大量使用钢化玻璃、不锈钢等新型材料作为辅材，给人带来前卫、不受拘束的感觉。

7.2.1.7　新古典主义风格

新古典主义最早出现于 18 世纪中叶欧洲的建筑装饰界，它不仅拥有典雅、端庄的气质，更具有明显的时代特征。新古典主义的精华是来源于古典主义，但不是一味仿古，更不是复古，而是追求神似。"形散神聚"是新古典主义的主要特点，在注重装饰效果的同时，用现代的手法和材质还原古典气质，它具备了古典与现代的双重审美效果，完美的结合也让人们在享受物质文明的同时得到了精神上的慰藉。

新古典主义传承了古典主义的文化底蕴、历史美感及艺术气息，同时将软装饰凝练得更为简洁清雅，为硬线条配上温婉雅致的软装饰，将古典美注入简洁实用的现代设计中，让古典的美丽穿透岁月，在我们身边释放芳香。在图案纹饰运用搭配上，新古典主义软装饰更加强调了实用性，不再一味地突出烦琐的装饰造型纹饰，多以简化的卷草纹、植物藤蔓等装饰性较强的造型作为装饰语言，突出一种华美而浪漫的皇家情节（图 7-41）。色彩的运用上，新古典主义也逐渐打破了传统古典主义的忧郁、沉闷，以亮丽温馨的象牙白、米黄，清新淡雅的浅蓝，稳重的暗红和古铜色演绎新古典主义华美宜人的新风貌。可以说，新古典主义家具是宫廷、皇室家具与现代家具的结合产物，与欧式传统的巴洛克、洛可可家具相比，更多地吸纳了前者的精髓，同时又加入了适合工业化生产的简约特点，造价也比前者低了许多。

7.2.1.8　跨界混搭风格

从广义上说，混搭风格就是使用不同种类、不同颜色、不同造型、不同风格的搭配方式的组合，有中西合璧式、古典与现代结合式等，同一种家具的不同颜色也叫混搭。混搭风格因为色彩至少有两种以上，所以显得气氛比较活跃，不那么沉闷。又因为是多个风格的组合，所以，设计风格又显示出交叉、跨界的思维方式，它不仅代表着一种时尚的生活态度，更代表着一种新锐的世界眼光的思维特质（图 7-42）。

　　混搭风格并不是简单地把各种风格的元素放在一起做加法，而是将它们组合在一起形成一种新的格调。混搭是否成功，关键看是否协调统一，最简单的方法是确定家具的主风格，然后按秩序关系用配饰、家纺等饰物来搭配。当前最流行的混搭风格是运用现代和传统的元素进行混搭。

　　混搭风格设计切忌多、乱、杂。一切从整体入手，这是混搭风格首先要注意的问题。一般来说木头是"万能"的材质，任何色彩、材质都可与其搭配，如玻璃、金属等。纺织

图 7-42　混搭风格代表着一种时尚的生活态度，更代表着一种新锐的世界眼光的思维特质

品是混搭风格不可缺少的元素，但搭配的前提条件是色调一定要慎用对比色，如窗帘是红色的，地毯或者床品不能用绿色。在色调统一的前提下，图案的选择可以随心所欲，如果一定要使用对比色，建议使用素色的纺织品。

7.2.2　软装设计的布置原则

　　软装布置受空间面积、装饰程度、人数等诸多因素的限制。因此，软装布置时应遵循空间的性质特点，灵活安排，适当美化点缀，既合理地摆设一些必要的生活设施，又要有一定的活动空间。为使室内布置实用美观、完整统一，应注意以下 4 点原则。

1. 满足功能要求，力求舒适实用

　　软装布置的根本目的是为了满足空间里的人的生活需要，这种生活需要体现在居住与休息、会客与娱乐、做饭与用餐、储存与摆设、工作与学习等诸多方面，而这些方面首要的是满足居住与休息的功能要求，创造出一个实用、舒适的室内环境。因此，软装应满足合理性与适用性的要求。

2. 布局完整统一，基调协调一致

　　在软装布置中整个布局必须完整统一，这是软装设计的总体要求。这种布局体现出协调一致的基调，融汇了室内的客观条件和个人的主观因素（性格、爱好、志趣、职业、习惯等），围绕这一原则，会自然而合理化地对室内装饰、器物陈设、色调搭配、装饰手法等做出选择。尽管室内布置因人而异，千变万化，但每个室内空间的布局基调必须相一致。

3. 色调协调统一，略有对比变化

　　对软装的色彩要在协调统一的原则下进行选择。饰物色彩与室内总体色彩应协调一致，色调的统一是主要的，对比变化是次要的。色彩美是在统一中求变化，又在变化中求统一。室内软装的总体效果与布置手法密切相关，也与饰物的造型、特点、尺寸和色彩有关，在现有条件下具有一定装饰性的朴素大方的总体效果是可以达到的。

4.器物疏密有致，装饰效果适当

家具是室内的主要器物，它所占的空间与人的活动空间要配置得合理、恰当，使所有器物的陈设在平面布局上均衡稳定、疏密相间。在立面布置上要有对比，有适当的变化，切忌杂乱堆叠，空间不分层次。装饰是为了满足人们的精神享受和审美要求，在现有的物质条件下，要有一定的装饰性，达到适当的装饰效果，并应以朴素、大方、舒适、美观为宜，不必追求奢华和辉煌。

7.2.3　软装设计的要点

软装不仅昭示着人们对待生活态度的转变，而且还代表着人的心愿所归，从一个居住空间软装中便可以看出人的性格、品位。所以，软装布置切不可随意，否则会适得其反。

首先，室内软装体现了一个人的性格特点。性格外向型的人，在色彩上可采用欢快的橙色系列，花型上可选用潇洒的印花，质地上可选用棉、化纤质地；性格文静内向型的人，可选用细花、鹅黄或浅粉色系列，花型上可选用高雅的图案。如果是一个追求个性风格的人，可选用自然随意的染花，梦幻型的色彩，但要注意色彩必须协调统一，多而不乱，动中有静。

其次，室内软装四季皆宜，既能体现出四季的情调，又能调节人的情绪，不必花费许多资金，也不必频繁移动位置。以窗帘为例，春天可选用色彩较随意的亮调子的浅色窗帘，这种窗帘透明度较高，能使阳光照射进来，室内显得春光明媚；夏天适宜选用绿色、蓝色等色调，使人进屋就感觉凉爽，不至于因太热而心情烦躁，窗帘最好是双层的，既能调节光线，又能调节温度，同时还可降温；秋天与春天同样，可先用橙色、橘红系列等，一直持续用到冬季。总之，季节不同应使用不同的色彩装饰，同时应注意与其他配套装饰相适应。

此外，通过色彩对比来完成空间的色面组合也是明智之举。对比方式多而灵活，可以是深地板，浅饰面；也可以是浅地面，深饰面，关键是材质之间的对比度的把握和掌控。通过对比使空间体现出"精神、朝气、稳重、大气"的视觉冲击力。

思考与练习

1.什么是软装？软装设计的特点有哪些？

2.软装的设计元素有哪些？并举例说明。

3.家具是室内软装中的重要元素，其价值不只是体现在使用功能方面，同时还具备定义空间、营建环境主体色调、调节空间气氛等功能。请依据学过的知识举例进一步分析其重要性。

4.布艺在室内软装设计中有哪些特点？

5.室内绿化在室内空间中有什么作用？

6.软装设计的流行风格有哪些？并分别简述各风格的特点。

7.软装设计的原则和要点有哪些？

设计任务指导书

1.设计题目：室内软装设计

2.设计简介

本项目软装设计主要为售楼处室内软装配饰进行设计。售楼处主体采用钢结构、砖砌筑及玻璃幕墙为主，本次精装修软装配饰含展示区、洽谈区、影视区、VIP室、办公区等功能区域。景观区含停车场、景观绿化、水景、景墙等功能区域。

3. 作业目的

通过软装设计引导学生综合运用所学的室内设计知识，掌握不同风格的室内元素配置，且软装饰设计是室内设计的一个重要组成部分，它使室内设计在空间、环境、文化、美学、行为、意识、价值等方面更趋完美。通过该项目的学习，使学生认识到软装饰设计是室内设计完整性不可或缺的重要组成部分。

4. 设计注意事项

（1）设计以"尊享与品位"为中心，颜色、形式、配饰、细部等所有设计手法紧扣主题；

（2）设计者需充分了解售楼处营销基本模式，把营销语言与软装配饰元素紧密结合，按甲方提供的设计意图，合理安排各功能区域的软装；

（3）应遵循现代、热情、亲和的总体原则，配合室内装修风格，使装修与软装配饰统一结合，在满足室内基本使用功能的基础上，强调个性风格，运用设计元素丰富场景，营造空间氛围；

（4）充分考虑空间的起承，注重空间的整体把握，考虑材质的变化和运用；

（5）要有原创性，整体设计大气、高雅，有艺术品位，体现整体环境内在品质；

（6）软装配饰档次定位为高档，结合造价成本，加强重点部位品质体现及冲击力；

（7）注意产品的比重关系（家具60%，布艺20%，其他均分20%）。

5. 设计成果

（1）图纸目录；

（2）整体配饰色彩分析与定位（功能分区及动线、风格定位、硬装空间基色及质感分析）；

（3）平面布置图（需将所有家具等物品进行编码，在平面图样上标明，并拟定规格表，包括家具布样、型号、样品及材料来源）；

（4）平面搭配、色彩配置图；

（5）各区位空间家具、窗帘、布艺、地毯、画品、花艺绿植、室内导视标牌等彩色搭配图；

（6）设计成本分析；

（7）作业需提交A3图册1份，电子版1份。

参考文献

[1] 张青萍.室内环境设计.北京:中国林业出版社,2007.

[2] 来增祥,陆震纬.室内设计原理(上).北京:中国建筑工业出版社,2006.

[3] 郑曙旸.室内设计程序.北京:中国建筑工业出版社,2005.

[4] 朱淳.室内设计基础.上海:上海人民美术出版社,2006.

[5] 吕永中,俞培晃.室内设计原理与实践.北京:高等教育出版社,2010.

[6] 辛艺峰.室内环境设计理论与入门方法.北京:机械工业出版社,2011.

[7] 叶铮著.室内设计纲要概念思考与过程表达.北京:中国建筑工业出版社,2010.

[8] 霍维国,霍光.室内设计教程.北京:机械工业出版社,2011.

[9] 崔冬辉.室内设计概论.北京:北京大学出版社,2007.

[10] 李飒.陈设设计.北京:中国青年出版社,2007.

[11] 邹伟民.室内环境设计.重庆:西南师范大学出版社,1998.

[12] 隋洋.室内设计原理(上、下).长春:吉林美术出版社,2005.

[13] 张绮曼,郑曙旸.室内设计资料集.北京:中国建筑工业出版社,1991.

[14] 刘盛璜.人体工程学与室内设计.北京:中国建筑工业出版社,1997.

[15] 江楠,黄珂.室内环境物理设计.重庆:西南师范大学出版社,2010.

[16] 中国建筑学会室内设计分会.全国室内建筑师资格考试培训教材.北京:中国建筑工业出版社,2003.

[17] 朱力.商业环境设计.北京:高等教育出版社,2008.

[18] [丹]杨·盖尔.交往与空间.何人可,译.北京:中国建筑工业出版社,2002.

[19] 张伶伶,李存东.建筑创作思维的过程与表达.北京:中国建筑工业出版社,2004.

[20] 李砚祖.环境艺术设计.北京:中国人民大学出版社,2005.

[21] 刘芳,苗阳.建筑空间设计.上海:同济大学出版社,2003.

[22] 沈福煦.建筑设计手法.上海:同济大学出版社,2005.

[23] 彭一刚.建筑空间组合论.北京:中国建筑工业出版社,2001.

[24] 杨公侠.视觉与视觉环境.上海:同济大学出版社,2002.

[25] 仁淑贤.室内软装饰设计与制作.天津:天津大学出版社,1999.